衣衣不舍

35 款惊艳迷人的短外搭编织

cathy carron

shortstory

35 chic knits for layering

衣衣不舍

35 款惊艳迷人的短外搭编织

cathy carron
shortstory

35 chic knits for layering

（美）凯西·凯伦 著

李小平 译

河南科学技术出版社

·郑州·

SHORT STORY: CHIC KNITS FOR LAYERING by CATHY CARRON

Copyright: © 2012 BY CATHY CARRON

This edition arranged with SUSAN SCHULMAN LITERARY AGENCY, INC through BIG APPLE AGENCY, LABUAN, MALAYSIA.

Simplified Chinese edition copyright:

2014 Henan Science & Technology Press

All rights reserved.

著作权合同登记号：图字 16—2013—055

图书在版编目（CIP）数据

衣衣不舍：35款惊艳迷人的短外搭编织 / (美) 凯伦著；李小平译. — 郑州：河南科学技术出版社，2014.5

ISBN 978-7-5349-6851-8

Ⅰ.①衣… Ⅱ.①凯… ②李… Ⅲ.①服饰—手工编织—图解 Ⅳ.①TS941.763.8-64

中国版本图书馆CIP数据核字(2014)第033990号

出版发行：河南科学技术出版社

　　　　　地址：郑州市经五路 66 号　邮编：450002

　　　　　电话：(0371)65737028　65788613

　　　　　网址：www.hnstp.cn

策划编辑：刘　欣

责任编辑：梁　娟

责任校对：张小玲

封面设计：张　伟

责任印制：张艳芳

印　　刷：北京盛通印刷股份有限公司

经　　销：全国新华书店

幅面尺寸：210 mm × 270 mm　印张：10　字数：280 千字

版　　次：2014 年 5 月第 1 版　2014 年 5 月第 1 次印刷

定　　价：39.00 元

目 录

8　　**简介**　可爱短外搭

10　　**邂逅**　短外搭一瞥

14　　**蓝色魅力**　宽领罗纹套头衫

18　　**心醉神迷**　前胸打结式开襟毛衫

22　　**希腊怀旧**　带装饰袖披肩

26　　**快乐回旋**　条纹套头衫

30　　**俏佳人**　条纹蕾丝上装

34　　**可可·香奈儿**　仿花呢毛衫

38　　**画家的调色板**　褶边段染线短衫

42　　**活力盎然**　披巾式衣领短毛衫

46　　**午茶时光**　清爽条纹 T 恤

50　　**天使之恋**　条纹披肩

54　　**铿锵玫瑰**　小球短衫

58　　**一见钟情**　羊绒带袖披肩

62　　**涟漪潜藏**　褶裥饰边上装

66　　**风信子的影踪**　圈圈线花式短衫

70　　**方格派对**　粗线拼接短衫

74　　**恋恋春日**　双色短衫

78　　**甜美短衫**　连帽斗篷

82　　**美丽弧线**　系扣前开衫

86　　红粉娇娃　棋盘花短外套

90　　视觉冲击　凹凸罗纹针斗篷

94　　白色经典　前裹身带袖短披肩

98　　波西米亚风　连帽斗篷

102　　银色风情　条纹短衫与脖套组合

106　　花样年华　交叉麻花短衫

110　　美丽悦目　费尔岛花样粗线带袖短披肩

114　　白雪奇迹　绒球套头衫

118　　糖果心语　褶饰披肩

122　　短小精悍　斗篷和暖袖

126　　依你而蓝　条纹蕾丝上衣

130　　奢华生活　蕾丝小斗篷

134　　神秘罗纹　皱领套头衫

138　　轻快时光　水平罗纹开衫

142　　与披肩共舞　披肩领斗篷

146　　咖啡时光　双色镂空短衫

150　　蓝色旋律　带围脖披肩

154　　结构图和图表

157　　编织术语缩略词

157　　编织技巧

简介
可爱短外搭

自设计头上戴的各式帽子的款式及编织方法（见《美帽绝伦：40 款风格迥异的帽子编织》），和脖子上戴的各式围巾的款式及编织方法（见《颈上添花：41 款风格百变的围巾编织》）之后，顺理成章，我要设计肩上穿的各式短外搭的款式及编织方法，于是就有了本书。除此之外，还有诸多原因促使我完成此书。首先，不论什么季节，我本人都非常喜欢佩戴围巾和披肩以保护脖颈和肩膀。当然，天气比较冷时，不管是在室内还是室外，我还是要多穿些衣服的。当在户外漫步时，我不想随身携带厚重的毛衣套衫，却总是会披件披肩或是穿件针织短外搭以御风寒，即使天气温暖，我也习惯裹护住肩膀，除非外面确如桑拿室般炎热。康涅狄格州西北部地区夏日晚上有时会比较寒冷，而且室内都装有空调，出门时随手携带护肩的衣物就十分必要，因为即使是在较为温暖的季节或适宜的气候购物时，我总感觉自己是在冰箱里而非商店里！所以，毛短外搭或毛外套就最合适不过了。

短外搭极富吸引力的另一原因是其款式千变万化，用途广泛，因其在款式设计、针法图案的变化和毛线质地的选用方面具有无限的创作空间。从本书中的图片可以看到，我们可以通过无数种方法设计出各式各样的针织衫，并从中获得愉悦和享受。最后，短外搭在时间和金钱两方面都很舒心适意，编织小件衣服省时、省钱，我们可以马上感受到编织的乐趣，因为有些衣物是否合身得体并不十分紧要，如斗篷，我们可以把它们看作理想的礼物。当然，最美好的还是自己为自己准备的礼物。所以，赶紧选择自己心仪的款式，动手为自己织一件短外搭吧。

系扣前开衫
（82页）

条纹套头衫
（26页）

羊绒带袖披肩
（58页）

邂逅
短外搭一瞥

编写本书时，我尽可能地设计出更多种富有创意的短外搭，该书汇编了35款编织作品及编织方法。在动手编织之前，请先了解一下书中作品所涉及的款式风格、毛线种类、编织针法、调整衣服长度的建议和自己设计短外搭的创意。

短外搭

编织短外搭的方法很多，而我最喜欢的方法是由上至下的织法，这一织法在本书的套头衫和开襟羊毛衫章节中都有详尽的说明；其他款式的编织方法是由下而上的织法，一直织到手臂处连接；或者织成衣片，然后缝合。我会在书中介绍一些基本款式的编织方法，不要拘泥于针织衫传统的定义。本书中许多设计都打破了传统的范畴，毕竟，突破创新也是自我创作时的乐趣。

●开襟羊毛衫（Cardigans）

卡迪根第七代伯爵詹姆斯·托马斯·布鲁登诺尔可能不知道，居然会用他的名字来表示一种毛衣的款式。穿着羊毛衫时可以系上扣子，可以系一根带子，也可以敞开。羊毛衫是经典款式的缩影，修改羊毛衫的款式更能彰显时代特色，令人耳目一新。

●套头衫（Pullovers）

穿着短套头衫时可以随意搭配服装，里面可搭配吊带背心、T恤衫，甚至可以搭配连衣裙，不仅看上去休闲，而且也十分时尚。编织这种款式的"T恤衫"使得普通寒酸的上衣变得精致高雅。

●带袖短披肩（Shrugs）

经典带袖短披肩是短款上衣中最短小的外搭上衣，有时短到袖子仅靠背部部分连接。常见的编织方法是从一只袖子起针，织完另一只袖子结束。在本书中，我设计了一些不同款式的披肩，其中包括一件羊绒带袖披肩，袖子采用下滑针编织（参阅第58页），和一款醒目的费尔岛花样粗线带袖短披肩（参阅第110页），编织此款披肩时，应选用较粗的毛线。

●斗篷（Ponchos）

我对短款斗篷情有独钟，或者您可以称之为"迷你披风"，书中介绍的都是短款斗篷。我所设计的斗篷不仅合体，而且手臂活动自如，而长款的斗篷则更需线条流畅，因此，需要在衣服两侧开口子，使手臂活动自如。

●短开衫（Boleros）

源于西班牙波雷若舞，介于羊毛衫和披肩之间，是一款敞胸齐腰开衫或夹克。我非常偏爱这种款式，并设计了各式各样的开衫，其中包括一款用手工染制毛线编织的褶边段染线短衫（参阅第38页），和一款由方格花样拼接而成的粗线拼接短衫（参阅第70页）。

条纹披肩
（50页）

●披肩（Wraps）

披肩是一年四季的必备织物，最易于编织，也最需要智慧，无论是编织简单的长方形披肩（一种超大号的围巾），还是编织拼接在一起来包裹肩膀的披肩。本书中，我设计了一款带装饰袖披肩（参阅第22页），即在长披肩的一头加了一个装饰袖，既美观又实用，让披肩包裹住手臂，这样一来您在跳舞时手臂可以活动自如，出席鸡尾酒会时可以自由穿梭。

褶边段染线短衫
（38页）

优质毛线

可用来编织短外搭的毛线种类繁多，不尽其详，本书中，我尝试使用了多种毛线，以展示毛线使用后所产生的效果。当然，一流精纺毛线和双股毛线效果尤为突出，用这些毛线编织的短外搭厚薄适中，是各季节外搭衣服的理想选择。书中一些毛衣使用了粗毛线，用粗毛线编织的衣服不仅可以抵御风寒，而且美观大方。除选用一些优质羊毛和羊驼毛毛线外，我还尝试了多种毛线，其中包括赏心悦目的安哥拉山羊毛线、奇妙的圈圈花式线、闪亮的金属线、冰丝棉线、毛茸茸的雪尼尔线和迷人的珠饰毛线。有时是毛线激发设计灵感，如书中展示的连帽斗篷（参阅第78页），其简单的款式使得手工纺织、手工染制的毛线光彩夺目；有时是款式决定毛线的选用，例如在设计宽领罗纹套头衫（参阅第14页）时，我想达到厚重多彩的效果，就采用了三股不同颜色的精纺粗毛线。大胆地尝试不同的编织方法和不同的设计，可以从中获取真正愉快的编织体验。

带装饰袖披肩
（22页）

关于针法

在设计并编织衣物时，您可以选用网眼针、缆绳状花样针法或其他针法，为什么要仅仅满足于使用简单的下针、上针或起伏针呢？在选用针法时，我尽量缩小选择的范围，通常将其限定在每件织物不超过三种针法，虽然这并不是硬性的规定，但有助于使织物看上去不那么眼花缭乱，杂乱无章。当然，规则都有例外，例如，条纹蕾丝上衣（参阅第126页），选用了六种不同的网眼花样，让您不时地改变针法，陶蓝色和海蓝色条纹花样交错变换，相互连接。

条纹蕾丝上衣
（126 页）

粗线拼接短衫
（70 页）

斗篷和暖袖
（122 页）

关于长度

本书中介绍的款式并不一定适合每个人的体型或风格，毫无疑问，肯定会有读者对其中的几款产生这样的想法："我很喜欢这款设计，但要是它再长点就更好了。"这一点不用担心，因为很多款设计都易于加长，我喜欢由上至下的编织方法最主要的原因之一，就是它易于改动，而您只需编织至您想要的长度就可以了（只是要确保现成的毛线足够用）。斗篷可以加长，但您需要留出袖窿，让手臂有活动的空间。通常围巾也可以加长，只需继续织到您心仪的长度，对于拼块组合的款式而言，例如，粗线拼接短衫（参阅第 70 页），只需要在底部添加些花边加长，而如果是从底部织起的织物，则需在动手之前就定好要增加的长度，以避免织到袖窿时遇到加长问题。

当然，本书中介绍的部分款式不能加长或很难加长，例如，侧边起针、横向编织的带袖短衫（如第 110 页的费尔岛花样粗线带袖短披肩），是不大可能加长的，如果一定要加长，必须沿底边挑起针目，然后往下接着编织加长。

缩短织物的长度

您或许会问："我能修改织物的设计款式，缩短其长度吗？"通常情况下，您可以这样做，但首先要预览一下修改后的效果（用一张纸遮盖图片的下部），然后判断修改后的样式是否美观，或是否仍需保留其原设计。最重要的是，确定您能否轻松地改变花样以达到缩短长度的目的。要认真阅读花样说明，了解它的织法，由上而下的织法易于调整，只需织到你所要的长度即可，而对于那些从底部起针向上编织的毛衣或织成衣片然后缝合的毛衣而言，在动手编织前，就要确定是否要调整原设计款式。

如何混搭

与编织不同的是，短外搭所带来的真正乐趣在于穿戴这些短款织物。对我而言，短外搭就像糖霜，大部分蛋糕没有糖霜也可以吃，但是，我敢保证您也认为，添加糖霜会使蛋糕更加美味，这个道理同样也适用于上衣和披肩。早上出门时，您要穿戴整齐，至少穿条裤子或裙子配件T 恤衫，抑或穿件连衣裙。除了基本的衣物，其他的都可算成糖霜，多加件小外搭并不是必须的，但是它确实能使您的着装与众不同。

混搭可以凸显您的曼妙身姿，增添整套服装的色彩和层次，更保暖（如觉得热的话，也是脱掉的首选），还可以使你的形象独具特色。轻薄或稍厚的套头衫、羊毛衫可以穿在衣服的最外层或中间一层。天气较凉的日子，可以穿厚实的羊毛衫代替夹克来保暖。毋庸置疑，斗篷最适合作为外套穿在外面，但是最好配以围巾、手套，或袖套（第 122 页的斗篷展示了穿着时与之相搭的衣物）。

任何的薄款衬衣——吊带衫、贴身背心、T 恤衫、保罗衫——都可以贴身穿在里层，外搭短款外套，关键是颜色、图案和比例一定要协调得体。连衣裙也是极好的打底衣物，外搭短款套头衫，特别令人耳目一新。尽管晚间最经典的外搭是围巾和披肩，但为什么不织件金属线的开襟毛衫（参阅第 18 页前胸打结式开襟毛衫）与众不同呢？挑选外搭时，要对着穿衣镜试穿，看看哪件更合适。大胆地搭配吧，不要害怕尝试！

下一章

写完本书并不意味着停手，我会继续自己的创意，同时，我希望你们能以本书中的设计为起点，开始自己的创意设计。设想把单色或单一针法的设计改成色块，或改变其纹路，或在领口处、褶缝处、袖口处加饰珠子，或把两股毛线合为一根，或彻底改换针法，等等。创意无限，其乐无穷！

适合加长的短外搭目录

这里是特地从本书中甄选出的几款适于加长的短外搭。

宽领罗纹套头衫（参阅第 14 页）

前胸打结式开襟毛衫（参阅第 18 页）

条纹套头衫（参阅第 26 页）

披巾式衣领短毛衫（参阅第 42 页）

清爽条纹 T 恤（参阅第 46 页）

小球短衫（参阅第 54 页）

圈圈线花式短衫（参阅第 66 页）

粗线拼接短衫（参阅第 70 页）

棋盘花短外套（参阅第 86 页）

条纹短衫与脖套组合（参阅第 102 页）

绒球套头衫（参阅第 114 页）

皱领套头衫（参阅第 134 页）

水平罗纹开衫（参阅第 138 页）

蓝色魅力

宽领罗纹套头衫

将深浅不一的蓝色和绿色毛线合成一根编织衣物，
更彰显了蓝色的魅力。

蓝色魅力

宽领罗纹套头衫

所需材料和工具

毛线

秘鲁高地羊毛线（220），每束100g，约201m长 **（4）**

- 2（3，3，3）束蓝色夏威夷毛线（9421）
- 2（3，3，3）束圣诞绿毛线（8894）
- 2（3，3，3）束肯塔基蓝毛线（9485）

织针

- 2根13号（9mm）、60cm长的环形针，或能织出相同密度的织针
- 1套（5根）13号（9mm）双头棒针

其他物品

- 防脱别针
- 记号圈

难度指数

●●●○

很难确定是编织这件套头衫，还是身着这件套头衫能带给我们更多乐趣。

3股精纺毛线合成1根，产生厚重和多彩的效果。为了使合股毛线色彩柔和协调，我把深浅不同的蓝色和绿色毛线合在一起编织，您也可以设计自己习惯的色彩搭配。

型号

编织说明针对小号毛衣，编织中号、大号和超大号毛衣请参见括号内说明（在小号说明后展示）。

成品尺寸

胸围：91（96，101.5，108.5）cm

衣长：33（34，35.5，37.5）cm

袖口周长：38（40，42，43）cm

编织密度

12.5cm×12.5cm：13号环形针，3股线，织单罗纹针14针17行。

请认真检查密度。

提示

（1）套头衫织成1片，领口起针，往下织。

（2）3色毛线合在一起编织。

（3）从第1行加针行开始编织单罗纹针（见第20页）。从左前片至左袖，至后片，至右袖，至右前片连续编织单罗纹针。

（4）需加针时，增加新的罗纹针。

（5）结构图见第154页。

领口

用环形针和3色合成的毛线起针32（32，34，36）针，用2根针按照下述方法编织：

下一行（正面）：全下针。

下一行（反面）：全上针。

育克

下一行（正面）：2针下针（左前片），放置记号圈，6针下针（左袖），放置记号圈，16（16，18，20）针下针（后片），放置记号圈，6针下针（右袖），放置记号圈，2针下针（右前片）。

下一行（反面）：全上针，跳过记号圈。

开始编织前仔细阅读提示以及下两行的编织说明。

加针行（正面）：＊以单罗纹针编织到记号圈前1针，挂线，1针下针，跳过记号圈，1针下针，挂线；从＊处重复编织3次，以单罗纹针编织到最后，共40（40，42，44）针。

下一行：＊以单罗纹针编织到记号圈前1针，1针上针，跳过记号圈，1针上针；从＊处重复编织3次，以单罗纹针编织到最后。

重复上两行针法17（18，19，20）次。同时在第2行加针行的每个领边都添1针，然后每6行加针3（4，4，5）次，所有加针都结束时，以反面行针结束，共184（194，204，216）针。

衣袖分针

下一圈（正面）：将右前片和左前片并在一起，在右针开始的地方放置记号圈，编织单罗纹针直到第一只袖子的记号圈，取下记号圈，把下面42（44，46，48）针穿在防脱别针上，放置侧边记号圈，在后片针目上编织单罗纹针至另一只袖子的记号圈，去掉记号圈，将后面的42（44，46，48）针穿在防脱别针上，用作编织另一只袖子，放置侧边记号圈，编织单罗纹针

至结束。衣身共100（106，112，120）针。

侧面

下一圈（正面）：整圈编织单罗纹针。

减针圈：以单罗纹针编织到第一个侧边记号圈前2针处，从线圈后面织下针2针并1针，跳过记号圈，下针2针并1针，以单罗纹针编织到第二个侧边记号圈前2针处，从线圈后面织下针2针并1针，跳过记号圈，下针2针并1针，编织单罗纹针至结束。

重复上两圈针法2次，共88（94，100，108）针，以单罗纹针松松地收针。

袖子

面对正面，用双头棒针，将各色单线合在一起编织防脱别针上的42（44，46，48）针，将针目分到4根针上，合起。在一圈的开始放置记号圈，编织1圈单罗纹针，以单罗纹针松松地收针。

收尾

领圈／领子

面对正面，将各色单线合在一起用环形针挑针，在领口中心下端织1针下针，放置记号圈，挑针，在右前片领口处均匀地编织36（38，40，42）针下针，在袖子与领口间，编织6针，再在后片领口部编织17（17，19，21）针，袖子边编织6针，左侧领口编织36（38，40，42）针下针，共102（106，112，118）针，在一圈的开始放置记号圈。

下一圈：中间针目织下针，跳过记号圈，1针上针，＊1针下针，1针上针；从＊处重复编织1圈。

减针圈：中间针目织下针，跳过记号圈，从线圈后面织下针2针并1针，编织单罗纹针，直到记号圈前2针，以下针2针并1针结束。

重复上两圈针法5（5，6，6）次，共90（94，98，108）针。

下一行（正面）：中间针目织下针，去掉记号圈，以单罗纹针结束编织，去掉记号圈。在2根棒针上均匀地往返编织单罗纹针18（18，19，19）cm，以单罗纹针松松地收针。

心醉神迷

前胸打结式开襟毛衫

身着这件领子打结、款式优雅、闪闪发光的毛衫，更加明艳靓丽。

心醉神迷

前胸打结式开襟毛衫

所需材料和工具

毛线

丝线、金丝混纺线，每束25g，约70m长 **4**

● 14（15，17，18）束亮灰色毛线（05）

织针

● 1根8号（5mm）、74cm长的环形针，或能织出相同密度的织针
● 2根8号（5mm）、40cm长的环形针
● 1套（4根）8号（5mm）双头棒针

其他物品

● 记号圈
● 毛线缝针

难度指数
●●●●

让款式简单的毛衫魅力四射、浪漫十足的便捷方法是加织围巾，这件自上而下编织的毛衫充分诠释了这一点。使用丝线和金属线混纺的毛线编织，让毛衫更加令人眼花缭乱。

型号

编织说明针对小号毛衣，编织中号、大号和超大号毛衣请参见括号内说明（在小号说明后展示）。

成品尺寸

后片宽度（腋下处）：44（47.5，52.5，57.5）cm

后片长度：22（24，26.5，28.5）cm

编织密度

10cm×10cm：8号针织下针22针32行。

10cm×10cm：8号针织单罗纹针30针32行。

请认真检查密度。

提示

（1）本毛衫织成1片，从上至下编织。
（2）结构图见第154页。

针法说明

k2w：织下针，挂线2次。

单罗纹针

（起针数为2的倍数加1针）

第1行（反面）：1针上针，*1针下针，1针上针；从*处重复。

第2行（正面）：1针下针，*1针上针，1针下针；从*处重复。

重复编织第1、2行，即形成单罗纹针。

围巾／领子

用长74cm的环形针起针160（165，170，175）针，往返编织。

第1行和第2行：全下针。

第3行：k2w连续7次，然后织下针至最后6针处，k2w至结束。

第4行：全下针，挂线脱针。

第5行：全下针。

第6行：k2w连续15次，然后织下针至最后6针处，k2w至结束。

第7行：全下针，挂线脱针。

第8行：全下针。

重复第3～8行6次。

下一行：k2w连续7次，然后织下针至最后16针处，k2w至结束。

制作围巾孔

下一行：20针下针，12针收针，下针织到头。

下一行：下针织到头，收针处起针12针。

重复第3~8行7次。

在下两行开始时，收针40针。共80（85，90，95）针。

育克

第1行（正面）：18（20，21，22）针下针（左前片），放置记号圈，9针下针（袖子），放置记号圈，26（27，30，33）针下针（后片），放置记号圈，9针下针（袖子），放置记号圈，18（20，21，22）针下针（右前片）。

第2行（反面）：全上针，跳过记号圈。

第3行（加针行）（正面）：[1针下针，挂线] 17（19，20，21）次，1针下针，跳过记号圈，9针下针（袖子），跳过记号圈，[1针下针，挂线] 25（26，29，32）次，1针下针，跳过记号圈，9针下针（袖子），跳过记号圈，[1针下针，挂线] 17（19，20，21）次，1针下针结束。每一前片35（39，41，43）针，后片51（53，59，65）针，共139（149，159，

169）针。

第4行（反面）：用单罗纹针的第1行编织至记号圈，跳过记号圈，上针9针，跳过记号圈，用单罗纹针的第1行编织至记号圈，跳过记号圈，上针9针，跳过记号圈，用单罗纹针的第1行编织到头。

第5行（加针行）（正面）：*用罗纹针编织（下针时织下针，上针时织上针）至记号圈前1针处，挂线，1针下针，跳过记号圈，1针下针，挂线，编织下针至下一个记号圈前1针处，挂线，1针下针，跳过记号圈，1针下针，挂线；从*处重复编织1次，用罗纹针编织到头，共147（157，167，177）针。

第6行（反面）：跳过记号圈，以下针编织（正面用下针，反面用上针）每个记号圈两边的加针，按照花样编织。

第7行（加针行）（正面）：*用罗纹针和下针编织至记号圈前1针处，挂线，1针下针，跳过记号圈，1针下针，挂线，编织下针至下一个记号圈前1针处，挂线，1针下针，跳过记号圈，1针下针，挂线；从*处重复编织1次，按照花样用下针和罗纹针编织到头，共155（165，175，185）针。

第8行（反面）：跳过记号圈，以下针编织（正面用下针，反面用上针）。在每个记号圈两边加针，按照花样编织。重复第7、8行27（30，34，37）次，共371（405，447，481）针。

育克分针

下一行（正面）：用罗纹针和下针编织64（71，77，82）针，至袖子记号圈处，用1根长40cm的环形针穿起67（73，81，87）针，固定在一边，留作袖子针目，继续用单罗纹针和下针编织后片，针数为109（117，131，143）针。再用1根长40cm的环形针穿起67（73，81，87）针，固定在一边，留作袖子针目，继续用单罗纹针和下针编织右前片，针数为64（71，77，82）针。衣身共237（259，285，307）针。

衣身

第1～7行：用单罗纹针往返编织，当从下针编织部分编织至罗纹针部分时，为了保持罗纹图案，如果需要，可以下针2针并1针。用单罗纹针收针。

袖子

将67（73，81，87）针袖子针目分在3根双头棒针，在腋下放置记号圈，开始编织袖筒时，把前片和后片合在一起。

第1圈：下针2针并1针，下针织到尾，共66（72，80，86）针。

第 2 ~ 9 圈：全下针。

第 10 圈：下针 2 针并 1 针，下针织至最后 2 针前，从线圈后面织下针 2 针并 1 针结束，共 64（70，78，84）针。

第 11 ~ 14 圈：全下针。

重复编织第 10 ~ 14 圈，直到剩余针数为 38（40，42，42）针。

袖口

下一圈：*2 针下针，挂线；从 * 重复编织，共 57（60，63，63）针。下针编织至袖口尺寸为 12.5cm。

下一圈：2 针下针，* 挂线脱针，Kf&b（见第 157 页），1 针下针；从 * 处重复编织，以在下一圈的第 1 针编织 kf&b 为结束。

收针。

按照以上步骤编织另一只袖子。

收尾

从腋下开始缝合衣身和袖子，把袖子的脱针针目轻轻地拉平。

希腊怀旧

带装饰袖披肩

无论怎样穿着这件美轮美奂的马海毛披肩，都让您有女神的感觉。

希腊怀旧

带装饰袖披肩

所需材料和工具

毛线

毛线（粘纤毛线／马海毛线／尼龙线／涤纶线），
每束50g，长约180m **3**

● A线：1束蓝色夏威夷毛线（126）

毛线（高级幼马海毛／真丝／金银丝），每束
25g，长约212m **2**

● B线：8（9，9，9）束月蓝色毛线（25）

织针

● 8号（5mm）、74cm长的环形针，或能织
出相同密度的织针

● 麻花针

其他物品

● 记号圈

难度指数

● ● ○ ○

这件披肩的设计亮点在于：穿着时无需用手将
其固定在某一位置。您可以将手臂穿入袖中，
并把披肩松松地围在肩上，或者将披肩的一头
穿入袖中，就成为一件紧身披肩。

型号

编织说明针对小号毛衣，编织中号、大号和超
大号毛衣请参见括号内说明（在小号说明后展
示）。

成品尺寸

装饰袖宽度：12.5cm

装饰袖周长：28（30.5，33，35.5）cm

披肩：63.5cmx145（150，155，160）cm

编织密度

根据图表1编织10cm×10cm的织片：8号
环形针，2根A线，编织26针22行。

根据图表2编织10cm×10cm的织片：8号
环形针，2根B线，编织19针20行。

请认真检查密度。

提示

披肩所用毛线均为2根合在一起。

针法说明

4针绕线：4针下针，将最后所织4针用麻花针
穿起，逆时针方向围所穿4针绕线1圈；然后
将此4针穿回右手织针。

装饰袖

使用2根A线起针33针，按照下述针法编织：

开始编织图表1

第1行（正面）：织第1针，下10针重复3次，
织最后2针。按照图表所示，继续编织至第6
行，然后重复第3～6行针法，至织片长度为
28（30.5，33，35.5）cm，或装饰袖戴在手臂
肘部上方感觉贴身舒适，在反面行结束。

披肩

换用2根B线。

下一行（加针行）（正面）：Kf&b（见第157页）
织到头。共66针。

下一行：全上针。

下一行（加针行）（正面）：Kf&b织到头。共
132针。

下一行：全上针。

开始编织图表2

第1行（正面）：织开头17针，放置记号圈，
下7针重复14次，放置记号圈，织最后17针。
编织每一行时跳过记号圈，按照图表所示，继
续编织至第6行。然后，重复第3～6行的针法，
至长度为143.5（148.5，153.5，159）cm，在反
面行结束。继续用起伏针（每行均织下针）织5
行，松松地收针。

收尾

反面相对，用1根A线把装饰袖的起针行与结
束行缝合在一起。

图表1

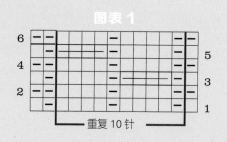

重复10针

符号说明

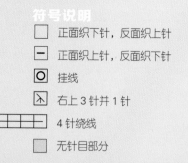

	正面织下针，反面织上针
	正面织上针，反面织下针
O	挂线
	右上3针并1针
	4针绕线
	无针目部分

图表2

重复7针

快乐回旋

条纹套头衫

身着这件短衫，犹如彩虹环绕双肩，令人目不暇接，眼花缭乱。

快乐回旋

条纹套头衫

所需材料和工具

毛线

精纺毛线（优质羊驼毛线/细毛毛线），每束100g，长约91m **4**

- A线：1（1，2，2）束黑色毛线（2006）

下列毛线各1束：

- B线：淡棕色毛线（2022）；C线：浅蓝色毛线（2007）；D线：红色毛线（2000）；E线：深灰色毛线（2025）；F线：绿色毛线（2002）；G线：牛仔蓝色毛线（2001）；H线：浅粉色毛线（2008）；I线：红褐色毛线（2016）；J线：橘红色毛线（2010）；K线：深蓝色毛线（2013）；L线：茶青色毛线（2014）；M线：紫红色毛线（2012）

织针

- 3根9号（5.5mm）环形针，分别长40cm、61cm和74cm，或能织出相同密度的织针
- 1套（5根）9号（5.5mm）双头棒针

其他物品

- 防脱别针
- 记号圈

难度指数

●●●●

为这件套头衫选择毛线时，我只看了一眼色卡就说："这些我都喜欢！"条纹可用各色毛线编织，而针法花样使条纹充满了活力。

型号

编织说明针对小号毛衣，编织中号、大号和超大号毛衣请参见括号内说明（在小号说明后展示）。

成品尺寸

胸围：101.5（106.5，111.5，122）cm

衣长（包括领子）：35.5（38，43，45.5）cm

上臂周长：35（36，39.5，40.5）cm

编织密度

10cm×12.5cm：9号环形针编织大理石浮雕针19针（10cm内）33圈（12.5cm内）。

请认真检查密度。

提示

上部分织成1片，从领子起针，自上而下编织。

大理石浮雕针

（起针数为2的倍数）

第1圈：全下针。

第2圈：* 上针2针并1针；从*处重复。

第3圈：*Kf&b（见第157页）；从*处重复。

第4圈：全下针。

重复第1~4圈，完成大理石浮雕针。

衣领

用双头棒针和A线起针74（77，80，84）针，分到4根棒针上，合成一圈，注意针目不要扭结；在一圈的开始放置记号圈。

下22圈：全上针。然后换用长40cm的环形针。

下一圈（加针圈）：*3针下针，Kf&b；从*处重复，以2（1，0，4）针下针结束，共92（96，100，104）针。

育克

条纹1

用B线和大理石浮雕针编织第1~4圈。

条纹2

用C线，按照下述针法编织：

下一圈：全下针。然后换用61cm长的环形针。

下一圈（加针圈）：*1针下针，Kf&b；从*处重复，共138（144，150，156）针。

继续编织大理石浮雕针的第2~4圈。

条纹3

用D线按照下述针法编织：

下一圈：全下针。

继续编织大理石浮雕针的第1~4圈。

条纹4

用E线按照下述针法编织：

下一圈：全下针。换用74cm长的环形针。

下一圈（加针圈）：*2针下针，Kf&b；从*处重复，共184（192，200，208）针。

继续编织大理石浮雕针的第2~4圈。

条纹5

用F线按照下述针法编织：

下一圈：全下针。

继续编织大理石浮雕针的第1~4圈。

条纹6

用G线按照下述针法编织：

下一圈：全下针。

下一圈（加针圈）：*3针下针，Kf&b；从*处重复，共230（240，250，260）针。

继续编织大理石浮雕针的第2~4圈。

条纹7

用H线按照下述针法编织：

下一圈：全下针。

继续编织大理石浮雕针的第1~4圈。

条纹8

用I线按照下述针法编织：

下一圈：全下针。

下一圈（加针圈）：*4针下针，Kf&b；从*处重复，共276（288，300，312）针。

继续编织大理石浮雕针的第2~4圈。

条纹9

用J线按照下述针法编织：

下一圈：全下针。

继续编织大理石浮雕针的第1~4圈。

仅针对小号

条纹10

用K线按照下述针法编织：

下一圈：全下针。

下一圈（加针圈）：*5针下针，Kf&b；从*处重复，共322针。

继续编织大理石浮雕针的第2、3圈。

仅针对中号

条纹10

用K线按照下述针法编织：

下一圈：全下针。

下一圈（加针圈）：*5针下针，Kf&b；从*处

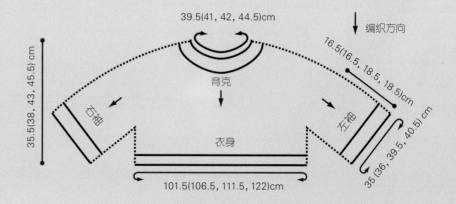

39.5(41, 42, 44.5)cm

编织方向

16.5(16.5, 18.5, 18.5)cm

35.5(38, 43, 45.5)cm

育克

右袖

衣身

左袖

35(36, 39.5, 40.5)cm

101.5(106.5, 111.5, 122)cm

重复，共 336 针。

继续编织大理石浮雕针的第 2 ～ 4 圈。

条纹 11

用 L 线按照下述针法编织：

下一圈：全下针。

继续编织大理石浮雕针的第 1 ～ 3 圈。

仅针对大号

条纹 10

用 K 线按照下述针法编织：

下一圈：全下针。

下一圈（加针圈）：*5 针下针，Kf&b；从 * 处重复，共 350 针。

继续编织大理石浮雕针的第 2 ～ 4 圈。

条纹 11

用 L 线按照下述针法编织：

下一圈：全下针。

继续编织大理石浮雕针的第 1 ～ 4 圈。

条纹 12

用 E 线按照下述针法编织：

下一圈：全下针。

下一圈（加针圈）：* 下针 34 针，Kf&b；从 * 处重复，共 360 针。

继续编织大理石浮雕针的第 2、3 圈。

仅针对超大号

用 K 线按照下述针法编织：

下一圈：全下针。

下一圈（加针圈）：*5 针下针，Kf&b；从 * 处重复，共 364 针。

继续编织大理石浮雕针的第 2 ～ 4 圈。

条纹 11

用 L 线按照下述针法编织：

下一圈：全下针。

继续编织大理石浮雕针的第 1 ～ 4 圈。

条纹 12

用 E 线按照下述针法编织：

下一圈：全下针。

下一圈（加针圈）：重复［下针 21 针，Kf&b；下针 22 针，Kf&b］8 次，以 4 针下针结束，共 380 针。

继续编织大理石浮雕针的第 2 ～ 4 圈。

条纹 13

用 F 线按照下述针法编织：

下一圈：全下针。

继续编织大理石浮雕针的第 1 ～ 3 圈。

针对所有型号

衣袖分针

用 K（L，E，F）线按照下述针法编织：

下一圈：下针 96（100，106，114）针，将下 66（68，74，76）针用防脱别针固定，留作右袖，织下针 94（100，106，114）针，把下 66（68，74，76）针用防脱别针固定，留作左袖，衣身共 190（200，212，228）针。前后片合起，

在一圈的开始放置记号圈。

衣身

条纹 1

用 E（E，M，M）线按照下述针法编织：

下一圈：全下针。

继续编织大理石浮雕针的第 1 ～ 4 圈。

条纹 2

用 M（M，C，C）线按照下述针法编织：

下一圈：全下针。

继续编织大理石浮雕针的第 1 ～ 4 圈。

条纹 3

用 C（C，B，B）线按照下述针法编织：

下一圈：全下针。

继续编织大理石浮雕针的第 1 ～ 4 圈。

仅针对大号和超大号

条纹 4

用 J 线按照下述针法编织：

下一圈：全下针。

继续编织大理石浮雕针的第 1 ～ 4 圈。

针对所有型号

用 A 线按照下述针法编织：

下一圈（减针圈）：*3 针下针，从线圈后面织下针 2 针并 1 针；从 * 处重复，以 0（0，1，1）针下针，0 针（0 针，1 针下针，从线圈后面织下针 2 针并 1 针）结束。共 152（160，170，182）针。

下 5 圈：*1 针下针，1 针上针；从 * 处重复，用罗纹针松松地收针。

右袖

面对正面，用双头棒针和 K（L，E，F）线下针编织防脱别针上的 66（68，74，76）针，将它们分到 4 根针上。

条纹 1

用 C（C，L，L）线按照下述针法编织：

下一圈：全下针。注意不要让针目在织针上扭结，在一圈的开始放置记号圈。

继续编织大理石浮雕针的第 1 ～ 4 圈。

条纹 2

用 B（B，H，H）线按照下述针法编织：

下一圈：全下针。

继续编织大理石浮雕针的第 1 ～ 4 圈。

条纹 3

用 M（M，C，C）线按照下述针法编织：

下一圈：全下针。

继续编织大理石浮雕针的第 1 ～ 4 圈。

条纹 4

用 L（L，B，B）线，按照下述针法编织：

下一圈：全下针。

继续编织大理石浮雕针的第 1 ～ 4 圈。

条纹 5

用 H（H，M，M）线按照下述针法编织：

下一圈：全下针。

继续编织大理石浮雕针的第 1 ～ 4 圈。

仅针对大号和超大号

条纹 6

用 J 线按照下述针法编织：

下一圈：全下针。

继续编织大理石浮雕针的第 1 ～ 4 圈。

针对所有型号

用 A 线按照下述针法编织：

下一圈：全下针。

下 10 圈：*1 针下针，1 针上针；从 * 处重复，用罗纹针收针。

左袖

面对正面，用双头棒针和 K（L，E，F）线下针编织防脱别针上的 66（68，74，76）针，将它们分到 4 根针上。

条纹 1

用 D（D，I，I）线按照下述针法编织：

下一圈：全下针。注意不要让针目在织针上扭结，在一圈的开始放置记号圈。

继续编织大理石浮雕针的第 1 ～ 4 圈。

条纹 2

用 F（F，C，C）线按照下述针法编织：

下一圈：全下针。

继续编织大理石浮雕针的第 1 ～ 4 圈。

条纹 3

用 B（B，D，D）线按照下述针法编织：

下一圈：全下针。

继续编织大理石浮雕针的第 1 ～ 4 圈。

条纹 4

用 L（L，G，G）线按照下述针法编织：

下一圈：全下针。

继续编织大理石浮雕针的第 1 ～ 4 圈。

条纹 5

用 C（C，L，L）线按照下述针法编织：

下一圈：全下针。

继续编织大理石浮雕针的第 1 ～ 4 圈。

仅针对大号和超大号

条纹 6

用 B 线按照下述针法编织：

下一圈：全下针。

继续编织大理石浮雕针的第 1 ～ 4 圈。

针对所有型号

用 A 线按照下述针法编织：

下一圈：全下针。

下 10 圈：*1 针下针，1 针上针；从 * 处重复，用罗纹针收针。

收尾

把衣领从中间向反面折起，缝好。

俏佳人

条纹蕾丝上装

该毛衫可以同时显现两种不同情调，
因为它正面呈条纹状，背面呈网眼状。

俏佳人

条纹蕾丝上装

所需材料和工具

毛线

棉线（棉线 / 腈纶线），每团 100g，长约 188m **④**

- 3（4，4，5）团杏色毛线（099）（主色）
- 1 团深灰色毛线（152）（对比色）

织针

- 2 根 8 号（5mm）环形针，长分别为 40cm 和 74cm，或能织出相同密度的织针

其他物品

- 防脱别针
- 记号圈

难度指数

●●●○

我喜欢混合使用不同的材质、花样和颜色进行编织，甚至有时在同一件织物上尝试上述三个方面。这款样式简单的方形短衫一面是条纹状，一面是网眼状，但是由于两面使用同一主色，所以看起来很协调而不古怪。

型号

编织说明针对小号毛衣，编织中号、大号和超大号毛衣请参见括号内说明（在小号说明后展示）。

成品尺寸

胸围：116（126，137，147）cm

衣长：38（39，40.5，41.5）cm

编织密度

10cm×10cm：8 号环形针下针编织 16 针 24 行。

请认真检查密度。

提示

在编织正面的条纹时，不要把对比色毛线放在边缘。只在对比色条纹的首尾两端留 12.5cm 的线尾。当正面完成后再将其藏好。

双罗纹针

（起针数为 4 的倍数加 2 针）

第 1 行（正面）：2 针下针，*2 针上针，2 针下针；从 * 处重复。

第 2 行：2 针上针，*2 针下针，2 针上针；从 * 处重复。

重复编织第 1、2 行，即形成双罗纹针。

羽毛抽纱针

（起针数为 4 的倍数）

第 1 行：*1 针下针，挂线，上针 2 针并 1 针，1 针下针；从 * 处重复。

重复第 1 行即为羽毛抽纱针。

条纹花样

*2 行对比色，6 行主色；从 * 处重复即形成条纹花样。

后片

用 74cm 长的环形针和主色毛线起针 90（98，106，114）针。双罗纹针编织 8 行，在最后一行均匀加 2 针，在反面行结束，共 92（100，108，116）针。

下一行（正面）：2 针下针，放置记号圈，羽毛抽纱针编织至最后 2 针处，放置记号圈，2 针下针。

下一行：2 针下针，跳过记号圈，羽毛抽纱针编织至下个记号圈处，跳过记号圈，2 针下针。每侧的 2 针织起伏针（每行均织下针），剩余针目用羽毛抽纱针编织。

继续编织直到织片长度为 38（39，40.5，41.5）cm（从开始处量起），在反面行结束。

肩部

使用下针（正面下针，反面上针）在下两行的开始处收针 24（27，30，33）针。剩余的 44（46，48，50）针移到防脱别针上作为后领。

前片

用 74cm 长的环形针和主色毛线起针 90（98，106，114）针。双罗纹针编织 8 行，在最后一行均匀加 2 针，在反面行结束，共 92（100，108，116）针。

下一行（正面）：2 针下针，放置记号圈，下针编织至最后 2 针处，放置记号圈，2 针下针。

下一行：2 针下针，跳过记号圈，上针编织至下个记号圈处，跳过记号圈，2 针下针。每侧的 2 针织起伏针，剩余针目织下针。

继续编织条纹花样（每侧均使用起伏针），直到织片的长度和背部到肩部的长度一致，在反面行结束。参考背部为肩部定型。剩余的 44（46，48，50）针移到防脱别针上作为前领。

收尾

缝合肩部。

领边

面对正面，使用 40cm 长的环形针和对比色毛线，从右肩接缝处开始，下针编织 88 针，即后领处编织 44 针，前领处编织 44 针。合为一圈，并在一圈的开始放置记号圈。1 圈上针，1 圈下针，下针方向松松地收针。每侧肩缝 15cm。

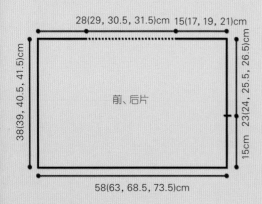

28(29, 30.5, 31.5)cm 15(17, 19, 21)cm

38(39, 40.5, 41.5)cm

23(24, 25.5, 26.5)cm

15cm

前、后片

58(63, 68.5, 73.5)cm

可可·香奈儿

仿花呢毛衫

柔软蓬松的灰色雪尼尔毛线织就舒适大牌范儿的时尚短衫。

可可·香奈儿

仿花呢毛衫

所需材料和工具

毛线

棉线（羊毛毛线／腈纶线／尼龙线），每团 50g，长约35m **6**

- A线：4（5，5，6）团浅灰色毛线（3）
- B线：4（5，5，6）团深灰色毛线（7）

织针

- 2根13号（9mm）、60cm长的环形针，或能织出相同密度的织针
- 1根13号（9mm）、40cm长的环形针

其他物品

- 防脱别针
- 记号圈

难度指数

●●●○

编织此款式的乐趣在于将两种不同程度的灰色毛线仅靠上针、下针的织法来呈现两种花呢样式。毛衫设计简单，却能产生意想不到的效果。

型号

编织说明针对小号毛衣，编织中号、大号和超大号毛衣请参见括号内说明（在小号说明后展示）。

成品尺寸

胸围：104（113，122，133.5）cm
衣长：41（42，46，47）cm
上臂周长：40.5（43，45.5，49.5）cm

编织密度

10cm×10cm：13号环形针编织脊状条纹7针14圈。

请认真检查密度。

提示

（1）毛衫织成1片，自衣领处向下编织。
（2）结构图分别展示了正面和背面及袖子。插肩袖是织在衣身上的，前肩无需塑型，直接编织即可。
（3）注意前片要宽于后片。

脊状条纹

第1圈：A线，下针。
第2圈：B线，上针。
重复第1、2圈即可织成脊状条纹。

反脊状条纹

第1圈：A线，上针。
第2圈：B线，下针。
重复第1、2圈即可织成反脊状条纹。

衣领

用60cm长的环形针和A线起针56（60，64，70）针。注意不要让针目在针上扭结。在一圈的开始放置记号圈。

第1和2圈：下针。
第3圈：B线，上针。
第4圈：A线，下针。
第5圈：B线，上针。

育克

下一圈：A线，38（41，44，49）针下针（前片），放置记号圈，4针下针（左袖），放置记号圈，10（11，12，13）针下针（后片），放置记号圈，4针下针（右袖）。
下一圈（加针圈）：B线，上针编织至第1个记号圈处（前片），跳过记号圈，1针上针，挂线，上针编织至下个记号圈（左袖）前1针，

挂线，1针上针，跳过记号圈，1针上针，挂线，上针编织至下个记号圈（后片）前1针，挂线，1针上针，跳过记号圈，1针上针，挂线，上针编织至下个记号圈（右袖）前1针，挂线，1针上针，共62（66，70，76）针，增加了6针。
下一圈：A线，全部织下针，跳过记号圈。
重复上两圈针法11（12，13，14）次。共128（138，148，160）针。
下一圈：B线，全部织上针。

衣袖分针

下一圈：A线，下针编织38（41，44，49）针（前片），下28（30，32，34）针移到防脱别针上留作左袖，下针编织34（37，40，43）针（后片），下28（30，32，34）针移到防脱别针上留作右袖，衣身共72（78，84，92）针。
将织片合起，并在一圈的开始放置记号圈。
以脊状条纹织法的第2圈为开始，均匀地编织脊状条纹，直至9（9，11.5，11.5）cm长，以第2圈收针，剪断毛线。

底边

将前片针目的前19（20，22，24）针移到织针的右手端以产生一个新的起点。重新和A线连接。
下一圈：A线，下针。
下一圈：B线，上针。

底边形状

继续用A线编织，织法如下：
第1行（正面）：收前6针，然后下针织到尾。
翻面。用2根长环形针按如下织法编织：
第2行：收前6针，然后下针织到尾。
第3～8行：收前3针，然后下针织到尾。下针方向松松地收余下的42（48，54，62）针。

袖子

面对正面，用40cm长的环形针和A线上针编织防脱别针上的28（30，32，34）针。织片合起，并在一圈的开始放置记号圈。以反脊状条纹织法的第2圈为开始，编织反脊状条纹，直至长为16.5（16.5，18，18）cm，以第2圈结束。用B线下针方向松松地收针。

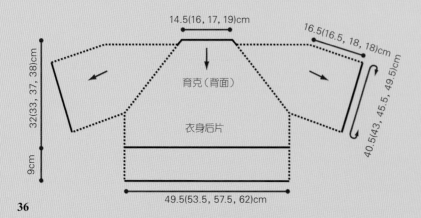

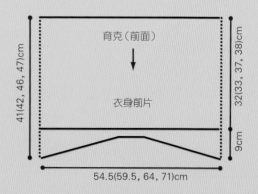

画家的调色板

褶边段染线短衫

华丽的手织羊毛衫，彩虹般色彩斑斓，万种风情。

画家的调色板

褶边段染线短衫

所需材料和工具

毛线
手工染制粗毛线（幼羊驼毛），每束100g，长约100m ⑤
- A线：3（4，4，4）束狐尾色毛线（CP10）
- B线：4（5，5，5）团麦克白毛线（CP20）
粗毛线（幼羊驼毛），每束100g，长约100m ⑤
- C线：1束深奶油色毛线（2L470）

织针
- 2根10号（6mm）环形针，长分别为74cm和91cm，或能织出相同密度的织针
- 1套（4根）10号（6mm）的双头棒针

其他物品
- 防脱别针
- 记号圈

难度指数
●●●○

我选用两种颜色相近的毛线混合编织。以黑白双色毛线收边，效果极好。

型号
编织说明针对小号毛衣，编织中号、大号和超大号毛衣请参见括号内说明（在小号说明后展示）。

成品尺寸
背宽：39.5（44，49.5，52.5）cm

衣长（含褶边）：38（40.5，44.5，45.5）cm
上臂周长：32（35.5，40，41）cm

编织密度
10cm×10cm：10号环形针下针编织15针20行。
请认真检查密度。

提示
毛衫织成1片，自衣领处向下编织。

起伏针编织
第1圈：全上针。
第2圈：全下针。
重复编织第1、2圈即为起伏针编织。

育克
用74cm长的环形针和A线自衣领边开始编织，起针36（37，39，42）针，按照下述针法做下针编织：
第1行（正面）：全下针。
第2行：全上针。
第3行：2针下针（左前片），放置记号圈，7针下针（左袖），放置记号圈，18（19，21，24）针下针（后片），放置记号圈，7针下针（右袖），放置记号圈，2针下针（右前片）。
第4行：全上针，跳过记号圈。
第5行（加针行）（正面）：2针下针，跳过记号圈，1针下针，加1针，*下针编织到下个记号圈前1针，加1针，1针下针，跳过记号圈，1针下针，加1针；从*处重复编织1次，下针编织到最后一个记号圈前1针，加1针，1针下针，跳过记号圈，2针下针，共42（43，45，48）针。

第6行：全上针，跳过记号圈。
重复上两行19（22，25，26）次，以反面行结束，共156（175，195，204）针。自领边起针行量起，织片长度应约为20.5（23，26.5，28）cm。

衣袖分针
取掉记号圈，按照如下针法编织：
下一行（正面）：织2针下针（左前片），将下47（53，59，61）针移到防脱别针上留作左袖，织58（65，73，78）针下针（后片），将下47（53，59，61）针移到防脱别针上留作右袖，织2针下针（右前片），衣身共62（69，77，82）针。
从上针行开始，下针编织7行，在反面行结束。

褶边
下一圈（正面）：62（69，77，82）针下针，放置记号圈，下针挑针1针，织到最下边一行，在一圈的开始放置记号圈。
下一圈（加针圈）：*1针下针，kf&b（见第157页）；从*处重复编织至下个记号圈，取掉记号圈，然后kf&b织至记号圈起始处。
换用91cm的环形针和B线，起伏针编织10cm长的围巾，以上针行结束。换成C线。
下一圈：全下针，下针方向收针。

左袖
面对正面，用双头棒针和A线下针编织左袖的47（53，59，61）针，将其分在3根针上。将织片合起，在一圈的开始放置记号圈。下针编织5cm长。
减针圈：下针2针并1针，下针编织到记号圈前2针，依次滑过2针，将滑过的2针以下针方式织在一起。每隔5圈织1圈减针圈重复5（6，8，8）次，共35（39，41，43）针。自腋下量起，袖长至48cm时，改换C线。
下一圈：全下针，下针方向收针。

右袖
织法同左袖。

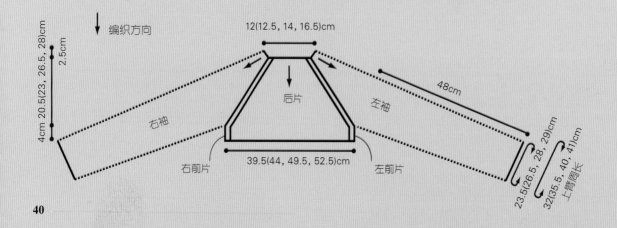

活力盎然

披巾式衣领短毛衫

穿上这件青翠的斜纹软呢毛衫，立刻彰显您的青春活力。

活力盎然

披巾式衣领短毛衫

所需材料和工具

毛线

花呢毛线（真丝线／棉线），每束50g，长约120m ④

- 6（7，8，9）束青翠色毛线（544）

织针

- 2根8号（5mm）、74cm长的环形针，或能织出相同密度的织针
- 1套（5根）8号（5mm）的双头棒针

其他物品

- 防脱别针
- 记号圈

难度指数

●●●●

结子丝线和花呢毛线是本款设计的出发点。简洁而富有情趣的花样才能显示出它们特有的颜色和质地。

型号

编织说明针对小号毛衣，编织中号、大号和超大号毛衣请参见括号内说明（在小号说明后展示）。

成品尺寸

胸围：119.5（129.5，137，146）cm
衣长：28（30.5，33，35）cm
上臂周长：33（35.5，38，40.5）cm

编织密度

10cm×10cm：8号环形针编织双桂花针15针20行。

10cm×10cm：8号环形针编织下针16针20行。

提示

（1）毛衫织成1片，自衣领处向下编织。

（2）前片比后片宽5cm。

（3）前片和后片以双桂花针编织，袖子以下针编织。

（4）自第1个加针行起就要制定花样。要编织双桂花针，在左前片针目中编织双桂花针的第1行，在后片针目中重复编织花样，然后不间断地编织右前片。

（5）前片和后片的加针针目编织双桂花针，袖子的加针针目编织下针。

双桂花针

（起针数为4的倍数加2针）

第1行（正面）：2针下针，*2针上针，2针下针；从 * 处重复。

第2行：下针时织下针，上针时织上针。

第3行：2针上针，*2针下针，2针上针；从 * 处重复。

第4行：下针时织下针，上针时织上针。

重复编织第1～4行，即形成双桂花针。

双罗纹针

（起针数为4的倍数加2针）

见第32页。

育克

用环形针起针60（62，64，66）针，按照下述针法编织：

下一行（正面）：2针下针（左前片），放置记号圈，8针下针（左袖），放置记号圈，40（42，44，46）针下针（后片），放置记号圈，8针下针（右袖），放置记号圈，2针下针（右前片）。

下一行：上针编织，跳过记号圈。

开始下面的编织前请仔细看提示（3）、（4）和（5）。

加针行（正面）：Kf&b（见第157页）（左侧领子），* 双桂花针编织至下个记号圈（左前片）前1针，Kf&b，跳过记号圈，Kf&b，下针织至下个记号圈（左袖）前1针，Kf&b，跳过记号圈，Kf&b，双桂花针编织至下个记号圈（后片）前1针，Kf&b，跳过记号圈，Kf&b，下针织至下个记号圈（右袖）前1针，Kf&b，跳过记号圈，Kf&b，双桂花针编织至下个记号圈（右前片）前1针，Kf&b 编织至结束（右侧领子）。共加针10针。

下一行：每个记号圈两边各织1针上针，上针编织袖子处的针目，其余的用双桂花针编织。

重复编织上两行21（20，18，20）次，在反面行结束。共280（272，254，276）针。

仅针对中号、大号和超大号

下一行（加针行）（正面）：* 双桂花针编织至下个记号圈（左前片）前1针，Kf&b，跳过记号圈，Kf&b，下针织至下个记号圈（左袖）前1针，Kf&b，跳过记号圈，Kf&b，双桂花针编织至下个记号圈（后片）前1针，Kf&b，跳过记号圈，Kf&b，下针织至下个记号圈（右袖）前1针，Kf&b，跳过记号圈，Kf&b，双桂花针编织至结束（右前片）。共加针8针。

下一行：每个记号圈两边各1针上针，上针编织袖子处的针目，其余的用双桂花针编织。

下一行（加针行）（正面）：Kf&b，* 双桂花针编织至下个记号圈（左前片）前1针，Kf&b，跳过记号圈，Kf&b，下针织至下个记号圈（左袖）前1针，Kf&b，跳过记号圈，Kf&b，双桂花针编织至下个记号圈（后片）前1针，Kf&b，跳过记号圈，Kf&b，下针织至下个记号圈（右袖）前1针，Kf&b，跳过记号圈，Kf&b，双桂花针编织至下个记号圈（右前片）

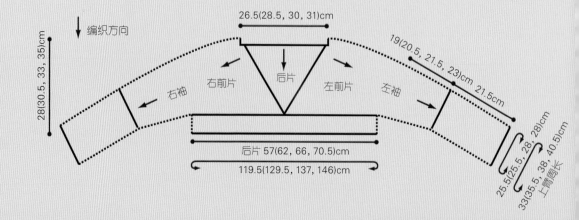

编织方向

28(30.5, 33, 35)cm

26.5(28.5, 30, 31)cm

右袖　右前片　后片　左前片　左袖

19(20.5, 21.5, 23)cm 21.5cm

后片 57(62, 66, 70.5)cm

119.5(129.5, 137, 146)cm

25.5(25.5, 28, 28)cm

33(35.5, 38, 40.5)cm 上臂周长

前 1 针，Kf&b 编织至结束。共加针 10 针。

下一行：每个记号圈两边各 1 针上针，上针编织袖子处的针目，其余的用双桂花针编织。

重复编织上四行 1（3，3）次，在反面行结束。共 308（326，348）针。

针对所有型号
继续按照花样编织 280（308，326，348）针 2 行。

衣袖分针
下一行（正面）：双桂花针编织 46（50，52，56）针（左前片），将下面的 52（58，62，66）针移到防脱别针上留作左袖，双桂花针编织下面的 84（92，98，104）针（后片），将下面的 52（58，62，66）针移到防脱别针上留作右袖，双桂花针编织最后的 46（50，52，56）针（右前片），衣身共 176（192，202，216）针。将织片合起，在一圈的开始放置记号圈。双罗纹针织 8 圈。以罗纹针收针。

袖子
面对正面，用双头棒针下针编织防脱别针上的 52（58，62，66）针，将其分在 4 根织针上。织片合起，在一圈的开始放置记号圈。标记上一圈。然后下针编织 3（3，4，2）圈。

减针圈：下针 2 针并 1 针，下针编织至最后 2 针处，依次滑过 2 针，下针 2 针并 1 针。

每隔 4（2，2，2）圈织 1 圈减针圈，重复 5（7，7，9）次，共 40（42，46，46）针。从标记处量起，织片长 19（20.5，21.5，23）cm。继续编织双罗纹针 21.5cm。以罗纹针松松地收针。

收尾

领口 / 领子
面对正面，使用环形针，沿右前片领边均匀编织 50（53，56，58）针下针，右袖边 10 针下针，后片领子 50（52，54，54）针下针，左袖边 10 针下针，左前片领边 50（53，56，58）针下针，共 170（178，186，190）针。自双罗纹针的第 2 行（反面）起编织双罗纹针，直至 9cm 长时，在反面行结束。下两行的开始处各收针 22（24，26，26）针，余 126（130，134，138）针。继续编织至 15cm 时，以罗纹针松松地收针。右侧领边放于左侧领边之上并缝合。

午茶时光

清爽条纹 T 恤

夏天来了，穿件柔软的棉质运动短衫吧，这样可以清清爽爽！

午茶时光

清爽条纹 T 恤

所需材料和工具

毛线

丝光棉线，每束100g，长约186m **3**

- A线：1（1，2，2）束蓝灰色毛线（2628）
- B线：2（2，2，2）束青灰色毛线（2640）
- C线：1（1，1，1）束纯白色毛线（2601）

织针

- 1根6号（4mm）、60cm长的环形针，或能织出相同密度的织针

其他物品

- 防脱别针
- 记号圈

难度指数

●●●○

这款趣味横生的T恤，时髦，尽显女性温柔，是橄榄球运动衫经典样式。纯白领边与下面的灰色条纹形成鲜明对比。

型号

编织说明针对小号毛衣，编织中号、大号和超大号毛衣请参见括号内说明（在小号说明后展示）。

成品尺寸

胸围（腋下处）：101（115，126.5，136.5）cm

后片长：30.5（34，38，41）cm

编织密度

10cm×10cm：6号环形针编织下针20针32行。

10cm×10cm：6号环形针编织桂花针20针32行。

请认真检查密度。

提示

（1）毛衫自上向下织成1片。

（2）为使换色时有明显的分隔线，不要在加针行换线；换色行要么织下针（环形编织），要么织上针（往返编织），只有换色行不织桂花针；在下个换色行之前一直重复桂花针。

（3）结构图见第154页。

桂花针

（起针数为2的倍数）

第1行（圈）：*1针下针，1针上针；从*处重复。

第2行（圈）：下针时织上针，上针时织下针。

重复编织第2行（圈），即形成桂花针。

条纹图案编织顺序

*先用B线编织24行（圈），然后用A线编织24行（圈）；从*处重复。

衣领

用A线起针52（55，57，60）针。按照如下针法编织：

第1行：全下针。

第2行：全上针。

育克

第1行（正面）：2针下针（左前片），放置记号圈，1针下针，桂花针织7针（袖子），1针下针，放置记号圈，1针下针，桂花针织28（31，33，36）针（后片），1针下针，放置记号圈，1针下针，桂花针织7针（袖子），1针下针，放置记号圈，2针下针（右前片）。

第2行（反面）：上针编织至第1个记号圈，跳过记号圈，桂花针编织后片和袖子处的针目，跳过记号圈，每个记号圈前后各1针上针；跳过最后一个记号圈后，上针编织至结束。

第3行（加针行）（正面）：下针编织至记号圈前1针，挂线，1针下针，*跳过记号圈，1针下针，挂线，桂花针编织至下个记号圈前1针，挂线，1针下针，跳过记号圈；从*处重复编织2次，1针下针，挂线，下针编织至结束，共60（63，65，68）针。

第4行：重复第2行。

第5行（加针行）（正面）：1针下针，挂线，下针编织至第1个记号圈前1针，挂线，1针下针，*跳过记号圈，1针下针，挂线，桂花针编织至下个记号圈前1针，挂线，1针下针，从*处重复编织2次，跳过记号圈，1针下针，挂线，下针编织至最后1针，挂线，1针下针，共70（73，75，78）针。

重复第4、5行11（13，14，15）次，以正面行结束。共180（203，215，228）针。

改换B线，按照条纹图案编织顺序开始编织。

下一行：全上针，跳过记号圈。

重复编织第5行1次，然后重复编织第4、5行5（6，7，8）次，再重复编织第4行1次，以反面行结束。

在右针上起针9（11，12，13）针，编织至第

1个记号圈，将其作为新起行的记号圈，跳过记号圈，按照如下针法编织：

第1圈：*1针下针，桂花针编织至记号圈前1针，1针下针，跳过记号圈；从*处重复编织2次，下针编织至结束。

第2圈（加针圈）：*1针下针，挂线，桂花针编织至记号圈前1针，挂线，1针下针，跳过记号圈；从*处重复编织2次，1针下针，挂线，下针编织前片针目至下个记号圈前1针，挂线，1针下针，共257（292，315，339）针。

重复编织第1、2圈5（6，7，8）次，再重复编织第1圈1次，共297（340，371，403）针。

第1圈：1针下针，桂花针编织袖子处针目，1针下针，跳过记号圈，1针下针，挂线，桂花针编织后片针目至下个记号圈前1针，挂线，1针下针，跳过记号圈，1针下针，桂花针编织袖子处针目，1针下针，跳过记号圈，1针下针，挂线，下针编织至记号圈前1针，挂线，1针下针，共301（344，375，407）针。

第2圈：继续按花样编织，每一条纹织法相同。

重复第1、2圈4（4，5，5）次，共317（360，395，427）针。

育克分针

在袖收针59（67，73，79）针，桂花针编织后片的90（101，111，120）针，右袖收针59（67，73，79）针，下针编织前片的109（125，138，149）针，衣身共199（226，249，269）针。

衣身

按照如下针法继续环形编织条纹图案：

桂花针编织后片针目，下针编织前片针目，直到所需条纹织完。

换色并全部用桂花针编织（必要时需下针并1针，以确保自腋下量起的衣长有11.5（12.5，14，15）cm，以桂花针收针。

领子

面对反面，用C线挑起领边的针目，合起并放置记号圈。面对反面编织7圈下针。收针。

收尾

腋下处缝合。

领口

用C线，将领子朝外对折，盖住接缝，将领子折边的底边针目织在挑针形成的白色线圈上，使领子服帖，在正面形成简洁的收边。

天使之恋

条纹披肩

以粗线织成罗纹斗篷，体验编织的乐趣。

天使之恋

条纹披肩

这款披肩式围巾前片设计非常引人注目，粗针花样和翻领也增添了不少魅力。

所需材料和工具

毛线
羊毛线，每束226g，长约121m
● 3（4）束浅棕色毛线（BS-115）

织针
● 1根13号（9mm）、74cm长的环形针，或能织出相同密度的织针

其他物品
● 记号圈

难度指数
●● ○ ○

型号

编织说明针对小号毛衣（特小号也适用），编织中号/大号毛衣请参见括号内说明（在小号说明后展示）。

成品尺寸

最宽处：58.5（67.5）cm
后片长：35.5（40.5）cm
前片长：64.5（76）cm

编织密度

10cm×10cm：13号环形针编织双元宝针12针19行。
请认真检查密度。

提示

该款披肩由1片宽35.5（40.5）cm、长106.5（122）cm的长条形织片折叠缝合而成，只在领口处留开口（如结构图）。

双元宝针

（起针数为4的倍数加2针）
第1行（正面）：*3针下针，毛线放在织物前面滑1针；从*处重复，最后3针织下针。
第2行：1针下针，毛线放在织物前面滑1针，*3针下针，毛线放在织物前面滑1针；从*处重复，最后1针织下针。
重复编织第1、2行，即形成双元宝针。

条纹织片

起针43（51）针，以双元宝针编织，直至织片长106.5（122）cm，在反面行结束。下针方向收针。

收尾

如结构图所示，将收针边缝合到织片的右手侧边，完成整件披肩。

领边

面对正面，从后片领边的中间开始，在整个领子上均匀地挑针并下针织66（76）针，针目合起，并在一圈的开始放置记号圈。以单罗纹针编织16圈，并以该针法松松地收针，将领子向内对折并缝在反面固定。

结构图

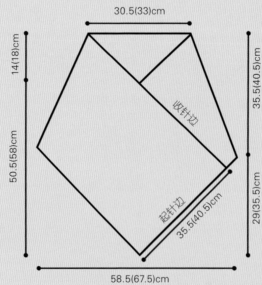

30.5(33)cm
14(18)cm
50.5(58)cm
35.5(40.5)cm
收针边
起针边
35.5(40.5)cm
29(35.5)cm
58.5(67.5)cm

铿锵玫瑰

小球短衫

该款羊毛衫精致、性感，羊毛绒球和富有层次感的衣领又增添了一丝柔和。

铿锵玫瑰

小球短衫

所需材料和工具

毛线

毛线（羊毛线/竹纤维毛线），每束100g，长约180m （4）

- 4（5，6）束深灰色毛线（6）

织针

- 2根9号（5.5mm）棒针，或能织出相同密度的织针
- 2根9号（5.5mm）环形针，长度分别为60cm和74cm
- 2根9号（5.5mm）、40cm长的环形针
- 1套（4根）9号（5.5mm）双头棒针

其他物品

- 记号圈
- 毛线缝针
- 搭钩和1cm的扣鼻儿

难度指数

●●●●

双层衣领妙趣横生，遍布的小球为条纹图案的质地加分。背部短于前面，与裤子和长裙配搭，更显时尚。

型号

编织说明针对小号毛衣，编织中号、大号毛衣请参见括号内说明（在小号说明后展示）。

成品尺寸

背宽（腋下处）：44.5（53.5，60.5）cm

后片长：25.5（29.5，33）cm

编织密度

10cm×10cm：9号针编织18针24行（育克花样）。

请认真检查密度。

提示

小球短衫自上而下编织。

针法说明

MB（制作小球）：在1个针目的前后线圈里织下针，直到右棒针上有6个线圈，将前5个线圈盖过最后1个线圈，然后将最后1个线圈移到左棒针上，织1针下针。

k1b：下针编织该针目在上一行对应的针目，然后再下针编织该针目，完成1针加针。

领子

下层较宽的一片用棒针起针144（152，160）针，起伏针编织，直至织片长12.5cm。

下一行：全部是从线圈后面织下针2针并1针，共72（76，80）针。织好后放置一旁。

上层较窄的一片用棒针起针144（152，160）针，起伏针编织，直至织片长7.5cm。

下一行（反面）：全部为从线圈后面织下针2针并1针，共72（76，80）针。

将较窄的一片置于较宽的一片上面，按照如下针法将两片织在一起：* 将上层和下层的第1针用下针织合；从 * 处重复。

下一行（反面）：3针下针，k1b，下针织至尾，共73（77，81）针。

下3行：全下针。

育克

换用60cm长的环形针继续编织，必要时换用74cm长的环形针，遇到记号圈时请跳过。

第1行（正面）：1针滑针，2针下针（前片边），放置记号圈，*1针上针，1针下针；从 * 处重复编织至最后4针处，1针上针，放置记号圈，3针下针。

第2～4行：1针滑针，2针下针，下针时织下针、上针时织上针直到最后3针处，3针下针。

第5行（加针行）（正面）：1针滑针，2针下针，*1针上针，k1b；从 * 处重复编织至最后4针处，1针上针，3针下针，共106（112，118）针。

第6行（反面）：1针滑针，2针下针，*1针上针，2针上针；从 * 处重复编织至最后4针处，4针下针。

第7～9行：1针滑针，2针下针，下针时织下针、上针时织上针直到记号圈，3针下针。

第10行（加针行）（反面）：1针滑针，2针下针，*k1b，2针上针；从 * 处重复编织至最后4针处，k1b，3针下针，共140（148，156）针。

第11行（正面）：1针滑针，2针下针，*2针上针，挂线，SKP（见第157页）；从 * 处重复编织至最后5针处，2针上针，3针下针。

第12～16行：1针滑针，2针下针，下针时织下针、上针时织上针直到记号圈，3针下针。

第17行（加针行）（正面）：1针滑针，2针下针，*1针上针，加1针，1针上针，挂线，SKP；从 * 处重复编织至最后5针处，1针上针，加1针，1针上针，3针下针，共174（184，194）针。

第18行（反面）：1针滑针，2针下针，*3针下针，2针上针；从 * 处重复编织至最后6针处，3针下针，3针下针。

第19～21行：1针滑针，2针下针，下针时织下针、上针时织上针直到记号圈，3针下针。

第22行（加针行）（反面）：1针滑针，2针下针，*3针下针，1针上针，挂线，1针上针；从 * 处重复编织至最后6针处，3针下针，3针下针，共207（219，231）针。

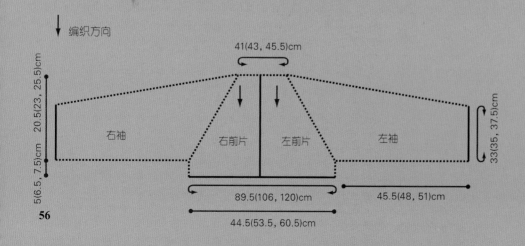

↓ 编织方向

41(43, 45.5)cm

20.5(23, 25.5)cm

5(6, 7.5)cm

33(35, 37.5)cm

右袖　右前片　左前片　左袖

89.5(106, 120)cm

45.5(48, 51)cm

44.5(53.5, 60.5)cm

第23行（正面）：1针滑针，2针下针，*1针上针，1针下针，1针上针，3针下针；从*处重复编织至最后6针处，1针上针，1针下针，1针上针，3针下针。

第24～26行：1针滑针，2针下针，下针时织下针、上针时织上针直到记号圈，3针下针。

第27行（小球行）（正面）：1针滑针，2针下针，*1针上针，1针下针，1针上针，1针下针，MB，1针下针；从*处重复编织至最后6针处，1针上针，1针下针，1针上针，3针下针。

第28行（反面）：1针滑针，2针下针，*1针下针，1针上针，1针下针，3针上针；从*处重复编织至记号圈，3针下针。

第29行（加针行）（正面）：1针滑针，2针下针，*1针上针，k1b，1针上针，3针下针；从*处重复编织至最后6针处，1针上针，k1b，1针上针，3针下针，共241（255，269）针。

第30行（反面）：1针滑针，2针下针，*1针下针，2针上针，1针下针，3针上针；从*处重复编织至最后7针处，1针下针，2针上针，1针下针，3针下针。

第31、32行：1针滑针，2针下针，下针时织下针、上针时织上针直到记号圈，3针下针。

第33行（小球加针行）（正面）：1针滑针，2针下针，*1针上针，1针下针，挂线，1针上针，1针下针，MB，1针下针；从*处重复编织至最后7针处，1针上针，1针下针，挂线，1针下针，1针上针，3针下针，共275（291，307）针。

第34行（反面）：1针滑针，2针下针，*1针下针，3针上针；从*处重复编织至最后8针处，1针下针，3针上针，1针下针，3针下针。

第35～38行：1针滑针，2针下针，下针时织下针、上针时织上针直到记号圈，3针下针。

第39行（小球行）（正面）：1针滑针，2针下针，*1针上针，3针下针，1针上针，1针下针，MB，1针下针；从*处重复编织至最后8针处，1针上针，3针下针，1针上针，3针下针。

第40行：重复第34行。

第41～44行：1针滑针，2针下针，下针时织下针、上针时织上针直到记号圈，3针下针。

第45行：重复第39行。

第46～48行：1针滑针，2针下针，下针时织下针、上针时织上针直到记号圈，3针下针。

仅针对小号

直接越过至育克分针处。

仅针对中号和大号

第49～51行：重复第48行。

第52行（加针行）（反面）：1针滑针，2针下针，*k1b，3针上针，1针下针，3针上针；从*处重复编织至最后8针处，k1b，3针上针，1针下针，3针下针，共（327，345）针。

第53行（小球行）（正面）：1针滑针，2针下针，*1针上针，3针下针，2针上针，1针下针，MB，1针下针；从*处重复编织至最后9针处，1针上针，3针下针，2针上针，3针下针。

第54行：1针滑针，2针下针，下针时织下针、上针时织上针直到记号圈，3针下针。

仅针对中号

第55行（正面）：重复[19针下针，下针2针并1针]15次，以12针下针结束，共312针。

第56行：全下针。越至育克分针处。

仅针对大号

第55～58行：重复第48行。

第59行（小球行）（正面）：1针滑针，2针下针，*1针上针，3针下针，2针上针，1针下针，MB，1针下针；从*处重复编织至最后9针处，1针上针，3针下针，2针上针，3针下针。

第60行：重复第48行。

育克分针

下一行（正面）：40（47，53）针留作左前片，移58（62，66）针到40cm长的环形针上（左袖），79（94，107）针留作后片，移58（62，66）针到40cm长的环形针上（右袖），40（47，53）针留作右前片，衣身共159（188，213）针。

起伏针编织5（6.5，7.5）cm，收针。

袖子

把58（62，66）针分到3根双头棒针上。继续按育克花样环形编织，每隔5圈织1圈小球圈，直至长度为45.5（48，51）cm。在小球圈上收针。

另一只袖子织法相同。

收尾

在腋下处将衣身和袖子缝合起来。将搭钩和扣鼻儿缀在领子的内侧。

一见钟情

羊绒带袖披肩

这款休闲带袖披肩，简约、优雅。看似风吹即透，却比你想象中的暖和。

一见钟情

羊绒带袖披肩

所需材料和工具

毛线

开司米双股毛线，每束 55g，长约 366m ①

● 2（3，3，3）束珍珠粉色毛线（27）

织针

● 2 根 3 号（3.25mm）、61cm 长的环形针，或能织出相同密度的织针

● 1 套（5 根）3 号（3.25mm）双头棒针

其他物品

● 记号圈

难度指数

●●●

按披肩的经典织法从一只袖子织到另一只袖子，这种滑针织法会使袖子的下半部分变长，是一种有趣的编织方法。

型号

编织说明针对小号毛衣，编织中号、大号和超大号毛衣请参见括号内说明（在小号说明后展示）。

成品尺寸

肩宽：40.5（45.5，51，56）cm

后片长：34（37.5，40.5，44）cm

上臂周长：28（30.5，33，35.5）cm

编织密度

10cm×10cm：3 号环形针编织圣约翰工匠针 32 针 36 圈。

请认真检查密度。

提示

（1）披肩自左袖袖口向右袖袖口一体编织。

（2）袖子用环形编织，后片用往返编织。

针法说明

drop st：将左棒针上的针目滑下并松开线圈。

圣约翰工匠针

（起针数为 4 的倍数）

第 1 圈：*2 针上针，2 针下针，从 * 处重复。

第 2 圈：*2 针上针，1 针下针，挂线，1 针下针，从 * 处重复。

第 3 圈：*2 针上针，3 针下针；从 * 处重复。

第 4 圈：*2 针上针，3 针下针，用左棒针将第 1 针下针盖过第 2 针和第 3 针下针；从 * 处重复。

重复编织第 1 ~ 4 圈，即为圣约翰工匠针。

左袖

用双头棒针起针 44（48，52，56）针，并均分到 4 根织针上。合起，注意不要让针目在织针上扭结，并在一圈的开始放置记号圈。下针编织 30.5cm 长。

下一圈：*1 针下针，drop st；从 * 处重复，共 22（24，26，28）针。

下一圈：*1 针下针，加 1 针；从 * 处重复，共 44（48，52，56）针。

下一圈：全下针。

下一圈（加针圈）：*1 针下针，加 1 针；从 * 处重复，共 88（96，104，112）针。

下一圈：全下针。

继续用圣约翰工匠针编织 20.5cm，在第 4 圈结束。将最后 1 圈的开始和结束当作后片的开始并标记，翻转织片，面对反面。

后片

换用 2 根环形针往返编织圣约翰工匠针（针目数为 5 的倍数）和罗纹边，具体针法如下：

第 1 行（加针行）（反面）：[1 针上针，1 针下针] 重复 2 次（边缘），*2 针上针，1 针下针，挂线，1 针下针；从 * 处重复编织至最后 4 针处，以 [1 针下针，1 针上针] 重复 2 次（边缘）结束，共 108（118，128，138）针。

第 2 行（正面）：[1 针下针，1 针上针] 重复 2 次（边缘），*3 针上针，1 针下针，挂线，1 针下针；从 * 处重复编织至最后 4 针处，以 [1 针上针，1 针下针] 重复 2 次结束。

第 3 行：[1 针上针，1 针下针] 重复 2 次，*3 针上针，3 针下针；从 * 处重复编织至最后 4 针处，以 [1 针下针，1 针上针] 重复 2 次结束。

第 4 行：[1 针下针，1 针上针] 重复 2 次，*3 针上针，3 针下针，用左棒针将第 1 针下针盖过第 2 针和第 3 针下针；从 * 处重复编织至最后 4 针处，以 [1 针上针，1 针下针] 重复 2 次结束。

第 5 行：[1 针上针，1 针下针] 重复 2 次，*2 针上针，3 针下针；从 * 处重复编织至最后 4 针处，以 [1 针上针，1 针上针] 重复 2 次结束。

重复编织第 2 ~ 5 行，直至从标记处量起长度为 40.5（45.5，51，56）cm，以第 2 行（正面）结束。

下一行（减针行）：[1 针上针，1 针下针] 重复 2 次，*3 针上针，下针 2 针并 1 针，1 针下针；从 * 处重复编织至最后 4 针处，以 [1 针下针，1 针上针] 重复 2 次结束，共 88（96，104，112）针。

右袖

换用双头棒针。为避免在 drop st 处形成扭结，用新的毛线团编织右袖。

下一圈：2 针上针，2 针下针，*2 针上针，3 针下针，用左棒针将第 1 针下针盖过第 2 针和第 3 针下针；从 * 处重复编织至最后 4 针处，2 针上针，2 针下针。织片合起，在一圈的开始放置记号圈。从第 1 圈起用圣约翰工匠针编织 20.5cm，以第 4 圈结束。

下一圈：全下针。

下一圈（减针圈）：* 下针 2 针并 1 针；从 * 处重复，共 44（48，52，56）针。

下一圈：* 下针 2 针并 1 针，挂线；从 * 处重复，共 44（48，52，56）针。

继续下针编织 30.5cm。

下一圈：*1 针下针，drop st；从 * 处重复，共 22（24，26，28）针。

下一圈（加针圈）：*1 针下针，加 1 针；从 * 处重复，共 44（48，52，56）针。

下一圈：全下针。下针方向收针。

涟漪潜藏

褶裥饰边上装

这款毛衫以褶裥针法编织出质感强烈的图案细节，手工染制的毛线更使这件上装熠熠生辉。

涟漪潜藏

褶裥饰边上装

所需材料和工具

毛线

开司米毛线（A）**3**

- 1（2，2，2）束，长约 420（467，517，567）m

超耐水洗美利奴羊毛线（B）**3**

- 1（2，2，2）束，长约 435（480，529，582）m

织针

- 2 根 7 号（4.5mm）、74cm 长的环形针，或能织出相同密度的织针
- 1 根 7 号（4.5mm）、40cm 长的环形针
- 1 套（5 根）7 号（4.5mm）双头棒针

其他物品

- 防脱别针
- 记号圈
- 2m 对比色棉质钩织线
- 毛线缝针

难度指数

●●●○

几年前，我以褶裥针法设计了一款茶垫，非常漂亮，因此就将这种织法藏在心里，想将它用在上装的编织上。虽然褶裥针法费时费心，但看到效果的瞬间，你会觉得所有的付出都是值得的。

型号

编织说明针对小号毛衣，编织中号、大号和超大号毛衣请参见括号内说明（在小号说明后展示）。

成品尺寸

胸围：91.5（101.5，111.5，122）cm
衣长：34（35.5，37，38）cm
上臂周长：33（35.5，38，40.5）cm

编织密度

10cm×10cm：7 号环形针下针编织 21 针 28 行。

请认真检查密度。

提示

（1）自领口向下织成 1 片。

（2）育克和袖子用下针编织，当翻至正面时，正面为上针编织。

（3）褶裥针行面对正面、编织下针。

（4）结构图见第 155 页。

领边

用 40cm 长的环形针和 A 线起针 90（94，100，106）针。合起时注意不要让针目扭结，并在一圈的开始放置记号圈。

第 1 ~ 16 圈（反面）：全下针。

育克

面对反面，按照如下针法继续编织：

第 1 圈（加针圈）：*1 针下针，kf&b（见第 157 页）；从 * 处重复，共 135（141，150，159）针。

第 2 圈（褶边）：全上针。（只标记上一圈。）

第 3 ~ 9 圈：全下针。换用 74cm 长的环形针。

第 10 圈（加针圈）：*2 针下针，kf&b；从 * 处重复，共 180（188，200，212）针。

第 11 ~ 17 圈：重复第 3 ~ 9 圈。

第 18 圈（加针圈）：*3 针下针，kf&b；从 * 处重复，共 225（235，250，265）针。

第 19 ~ 25 圈：重复第 3 ~ 9 圈。

第 26 圈（加针圈）：*4 针下针，kf&b；从 * 处重复，共 270（282，300，318）针。

第 27 ~ 33 圈：重复第 3 ~ 9 圈。

第 34 圈（加针圈）：*5 针下针，kf&b；从 * 处重复，共 315（329，350，371）针。

第 35 ~ 41 圈：重复第 3 ~ 9 圈。

第 42 圈（加针圈）：*104（14，10，8）针下针，kf&b；从 * 处重复，以 0（14，20，2）针下针结束，共 318（350，380，412）针。

第 43 ~ 49 圈：重复第 3 ~ 9 圈。

第 50 圈：全下针。

第 51 圈：全上针。

继续下针编织至从标记处量起衣长为 20.5（21.5，23，24）cm。

衣袖分针

面对反面，按照如下针法继续编织：

下一圈：93（103，114，124）针下针（前片），起针 2 针（腋下），移 66（72，76，82）针到防脱别针上（袖子），93（103，114，124）针下针（后片），起针 2 针（腋下），移 66（72，76，82）针到防脱别针上（袖子）。衣身共 190（210，232，252）针。合起，在一圈的开始放置记号圈。

衣身

面对反面，按照如下针法继续编织：

下 7 圈：全下针。

褶裥

翻转织片，面对正面（上针编织面），将棉质钩织线穿入毛线缝针。换成 B 线，面对正面，按照如下针法继续编织：

第 1、2 圈（正面）：全下针。

第 3 圈（标记圈）：*10 针下针，从右向左将毛线缝针穿入右棒针上刚编织过的针目；从 * 处重复，最后一次重复时，10（10，12，12）针下针，自右向左将毛线缝针穿入右棒针上刚编织过的针目。

第 4 ~ 14 圈：全下针。

第 15 圈（褶裥）：面对反面（上针面），自标记圈的第 1 针开始，用第 2 根环形针挑针。将棉质钩织线整根抽出以留作后用。反面相对并在一起，左棒针平行，将双头棒针以下针方向穿入每根针上的第 1 针里，像织下针一样绕线。将 2 针织在一起，再从织针上滑下，* 以同样方法将下 2 针织在一起；从 * 处重复。褶裥就形成了。

第 16 ~ 18 圈：全下针。

第 19 圈（标记圈）：重复第 3 圈。

第 20 ~ 30 圈：全下针。

第 31 圈（褶裥）：重复第 15 圈。

重复第 16 ~ 31 圈 2 次，接着重复第 16 ~ 30 圈 1 次。

最后一圈：重复第 31 圈。下针方向收针。

袖子

面对反面，用双头棒针和 A 线上针编织防脱别针上的 66（72，76，82）针，然后起针 2 针（腋下），共 68（74，78，84）针。将其分在 4 根织针上。合起时注意不要让针目扭结，并在一圈的开始放置记号圈。

第 1 圈（褶边）：全上针。

第 2 ~ 17 圈：全下针。下针方向松松地收针。

收尾

缝合腋下处针目。将领圈折向反面，缝合在第 1 圈上针的脊状凸起上。将袖子折向反面，缝合在上针的脊状凸起上。

风信子的影踪

圈圈线花式短衫

用漂亮的圈圈线编织，虽然样式简洁，但具有令人难以抗拒的诱惑。

风信子的影踪

圈圈线花式短衫

所需材料和工具

毛线

圈圈线（幼马海毛／羊毛／尼龙）每束50g，长约50m **5**
- 8（9，10，11）束浅蓝色毛线（15）

织针
- 2根10号（6mm）环形针，长分别为60cm和74cm，或能织出相同密度的织针
- 2根10号（6mm）、40cm长的环形针
- 1套（4根）10号（6mm）双头棒针

其他物品
- 记号圈
- 毛线缝针
- 搭钩和1cm的扣鼻儿

难度指数

●●●○

型号

编织说明针对小号毛衣，编织中号、大号和超大号毛衣请参见括号内说明（在小号说明后展示）。

对我而言，优质的圈圈线具有难以抗拒的魅力。这种毛线华丽，质感强烈，富有光泽，这款短开衫更好地彰显了这种毛线的特征，同时加入的假领带，也使整个织物更显华丽。

成品尺寸

背宽（腋下处）：44（47.5，52.5，56）cm
后片长（含褶边）：30（32，36，38）cm

编织密度

10cm×10cm：10号针起伏针编织12针22行。
10cm×10cm：10号针下针编织12针14行。
请认真检查密度。

提示

织成1片，自领口处往下编织。

衣领

用60cm长的环形针起针72（75，81，84）针。
起伏针往返编织，直至长为12.5（12.5，15，15）cm。
下一行：*1针下针，下针2针并1针；从*处重复，共48（50，54，56）针。

育克

第1行（正面）：10（11，12，13）针下针（左前片），放置记号圈，6针下针（袖子），放置记号圈，16（16，18，18）针下针（后片），放置记号圈，6针下针（袖子），放置记号圈，10（11，12，13）针下针（右前片）。

第2行（反面）：全下针，跳过记号圈。

第3行（加针行）（正面）：*下针织至下个记号圈前1针，kf&b（见第157页），跳过记号圈，kf&b；从*处重复编织3次，下针织至尾，共56（58，62，64）针。

重复第2、3行17（19，21，23）次，然后重复第2行1次，在反面行结束。共192（210，230，248）针。

育克分针

第1行（正面）：28（31，34，37）针下针（左前片），放置记号圈，移42（46，50，54）针到40cm长的环形针上（袖子）放置一旁，52（56，62，66）针下针（后片），放置记号圈，移42（46，50，54）针到40cm长的环形针上（袖子）放置一旁，28（31，34，37）针下针（右前片）。
衣身共108（118，130，140）针。

衣身

第2～6行：继续起伏针编织。**5**

第7行（正面）：*下针编织至腋下的第1个记号圈前2针，从线圈后面织下针2针并1针，跳过记号圈，下针2针并1针；从*处重复编织1次至另一个记号圈，下针织至尾，共104（114，126，136）针。

第8～12行：全下针。

重复编织第7～12行2次，共96（106，118，128）针。继续起伏针编织直至从腋下处量织片长为12.5（12.5，15，15）cm。

下一行：织下针2针并1针至第1个腋下记号圈，取掉记号圈，下针编织后片针目至下个记号圈，取掉记号圈，下针2针并1针织至尾。收针。

袖子

回到袖子处针目42（46，50，54）针，下针环形编织，直至长度达到25.5（28，30.5，30.5）cm。

下一圈：*1针下针，下针2针并1针；从*处重复，以0（1，2，0）针下针结束，共28（32，36，36）针。

下两圈：全下针。

收针。

同法编织另一只袖子。

前片领带（2条）

用双头棒针起针18针，起伏针往返编织，直至长度为18（18，20，20）cm。

下一行：全部织下针2针并1针，共9针。

下一行：全部织下针2针并1针，最后1针织下针。共5针。

收针。

收尾

将衣身和袖子在腋下处缝合起来。将领带的窄边缝合到短衫每个前片领子的下面。将搭钩和扣鼻儿缀在领子的内侧。

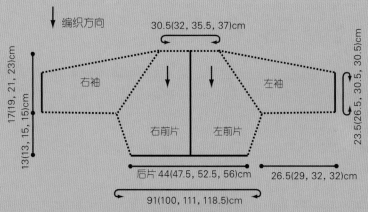

↓ 编织方向

30.5（32，35.5，37）cm

17（19，21，23）cm

23.5（26.5，30.5，30.5）cm

13（13，15，15）cm

右袖　　左袖

右前片　左前片

后片 44（47.5，52.5，56）cm

26.5（29，32，32）cm

91（100，111，118.5）cm

方格派对

粗线拼接短衫

用粗线编织方格花样，再加上外翻大领，使这款外套更显优雅大气。

方格派对

粗线拼接短衫

所需材料和工具

毛线

幼羊毛线，每束200g，长约76m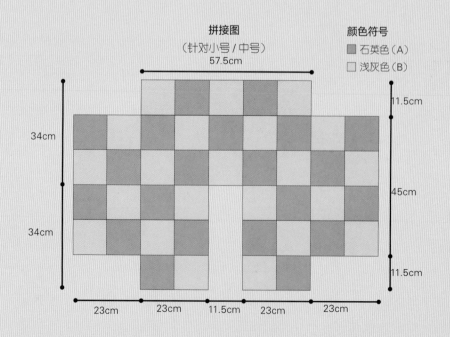

- A线：5（6）束石英色毛线（54）
- B线：4（5）束浅灰色毛线（18）

织针

- 1套（5根）17号（12.75mm）双头棒针，或能织出相同密度的织针
- 1根13号（9mm）、74cm长的环形针

其他物品

- 记号圈

难度指数

●●●○

这是对传统祖母方格编织的改良。祖母方格通常以钩针织成，但在这里是以粗线编织而成。仅用两种色彩，可以收敛这种设计风格的高调，不过也可用储存的粗线编织使织片呈现令人愉悦的色彩。

型号

编织说明针对小号/中号毛衣，编织大号/超大号毛衣请参见括号内说明（在小号/中号说明后展示）。

成品尺寸

胸围：115（159）cm

衣长：34cm

袖口周长：45cm

编织密度

11.5cm×11.5cm：17号双头棒针织1片花样。

请认真检查密度。

提示

大号/超大号的拼接图见第155页。

双罗纹针

（起针数为4的倍数加2针）

见第32页。

方格花样

用双头棒针和A线起针12针，将其均分到4根棒针上。合起时注意不要让针目扭结，并在一圈的开始放置记号圈。

第1圈：全下针。

第2圈：*1针下针，加1针，1针下针，加1针，1针下针；从*处重复编织3次，共20针。

第3圈：全下针。

第4圈：*1针下针，加1针，3针下针，加1针，1针下针；从*处重复编织3次，共28针。

第5圈：全下针。

第6圈：*1针下针，加1针，5针下针，加1针，1针下针；从*处重复编织3次，共36针。

下针方向收针。

用A线织21（27）个这样的织片，用B线织22（28）个这样的织片。

收尾

轻柔地将方格织片缝合在一起。从线圈的后面穿针，用锁针缝法连在一起形成大的织片。

衣领

面对反面，用A线和环形针在左前片领边均匀挑针并下针编织30针，后片领边织10针，然后右前片领边30针，共70针。从第2行开始用双罗纹针编织13（15）行，在反面行结束。换用B线。

下一行（正面）：全下针。

从第2行开始用双罗纹针编织13（15）行，在反面行结束。以罗纹针松松地收针。锁针缝法缝合侧边和袖子。

拼接图

（针对小号/中号）

57.5cm

颜色符号

■ 石英色（A）

□ 浅灰色（B）

34cm

34cm

11.5cm

45cm

11.5cm

23cm   23cm   11.5cm   23cm   23cm

恋恋春日

双色短衫

有机棉具有天然的奶油色和灰色质感，非常
适合编织天暖时的上装。

恋恋春日

双色短衫

所需材料和工具

毛线

有机棉线，每束50g，长约75m ④

- 主色线：5（6，7，8）束乳白色线（32608）
- 对比色线：3（4，4，4）束浅灰色线（32607）

织针

- 3根7号（4.5mm）、61cm长的环形针，或能织出相同密度的织针

其他物品

- 记号圈

难度指数

●●●○

我非常钟爱这种斜肩的罗纹上装，充满女人味，散发着无穷魅力。穿上它轻快飞扬，编织时不费力气。

型号

编织说明针对小号毛衣，编织中号、大号和超大号毛衣请参见括号内说明（在小号说明后展示）。

成品尺寸

胸围：129（135，140，148）cm

衣长：30.5（33，35.5，38）cm

编织密度

10cm×10cm：7号环形针织断针罗纹针18针29行。

请认真检查密度。

提示

（1）衣身环形编织到袖口处。

（2）上身前后片和育克用往返编织。

针法说明

K inc：在下一针目对应的上一行针目中织下针，然后在该针目中织1针下针。

断针罗纹针

（起针数为2的倍数，环形编织）

第1圈：全下针。

第2圈：*1针下针，1针上针，从*处重复。

重复编织第1、2圈，即形成断针罗纹针。

断针罗纹针

（起针数为2的倍数，往返编织）

第1行（正面）：全下针。

第2行：*1针下针，1针上针；从*处重复。

重复编织第1、2行，即形成断针罗纹针。

双罗纹针

（起针数为4的倍数加2针）

见第32页。

衣身

用主色线起针180（192，204，216）针。合起并放置记号圈。

下一圈：90（96，102，108）针下针，放置记号圈（侧边记号圈），下针编织至结束。

从第2圈开始用断针罗纹针编织，直至长度为10（11.5，12.5，14）cm，以第2圈织法结束。

侧边

下一圈（加针圈）：K inc，下针编织至侧边记号圈前1针，K inc，跳过记号圈，K inc，下针编织至记号圈前1针，K inc，共184（196，208，220）针。

下一圈：*1针下针，1针上针；从*处重复编织。重复上2圈11次，共228（240，252，264）针。

上身后片

下一行（正面）：用第2根环形针织114（120，126，132）针下针，将第1根环形针上的114（120，126，132）针留作上身前片。从第2行开始用2根环形针往返编织断针罗纹针直至长度为6.5（7.5，9，10）cm，在反面行结束。针目留在织针上。

上身前片

下一行（正面）：从第1行开始用2根环形针往返编织断针罗纹针，直至长度为6.5（7.5，9，10）cm，在反面行结束。

前片育克

换用对比色线。

下一行（正面）：用对比色线编织下针，均匀地加0（2，0，2）针，共114（122，126，134）针。

下一行（反面）：[2针上针，2针下针]重复9（10，10，11）次，42（42，46，46）针上针，[2针下针，2针上针]重复9（10，10，11）次。

下一行：[2针下针，2针上针]重复9（10，10，11）次，42（42，46，46）针下针，[2针上针，2针下针]重复9（10，10，11）次。

重复上2行直至长度为7.5cm，在反面行结束。

领口

下一行（正面）：[2针下针，2针上针]重复9（10，10，11）次，中间收针42（42，46，46）针，[2针上针，2针下针]重复9（10，10，11）次。

下一行：[2针上针，2针下针]重复9（10，10，11）次，起针42（42，46，46）针，[2针下针，2针上针]重复9（10，10，11）次。

下一行：2针下针，*2针上针，2针下针；从*处重复。

从第2行开始以双罗纹针编织至自领口起针处量起后片育克长7.5cm，在反面行结束。

收尾

将后片育克的底边与上身后片的顶边用3针收针法（见第158页）缝在一起。

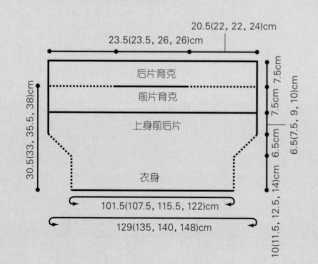

20.5(22, 22, 24)cm

23.5(23.5, 26, 26)cm

后片育克

前片育克

上身前后片

衣身

30.5(33, 35.5, 38)cm

7.5cm

7.5cm

6.5(7.5, 9, 10)cm

10(11.5, 12.5, 14)cm

101.5(107.5, 115.5, 122)cm

129(135, 140, 148)cm

甜美短衫

连帽斗篷

这款令人愉悦的糖果色开司米丝质毛衫对任何爱甜点的女孩来说都充满诱惑。

甜美短衫

连帽斗篷

所需材料和工具

毛线

开司米毛线 / 丝线 **3**
- 猫眼石色毛线 659（724，796，876）m

织针
- 1根 8 号（5mm）、74cm 长的环形针，或能织出相同密度的织针

其他物品
- 记号圈
- 2.25m 长的皮绳

难度指数

●●●○

这种开司米丝质毛线是手工纺织手工染色的，因此是独一无二的。我采用简单的设计来突出毛线本身的质感和光泽，在下部织一些富有质感的扭曲针法，领子处往返编织，慢慢加针形成突出的连帽领子。两种针法使织物花样更具质感。

型号

编织说明针对小号毛衣，编织中号、大号和超大号毛衣请参见括号内说明（在小号说明后展示）。

成品尺寸

下摆周长：110.5（115.5，119.5，124.5）cm
衣长（含衣领）：40.5（42，43，44.5）cm

编织密度

10cm×10cm：8 号环形针织简易斜线宽松针 22 针 24 行。
请认真检查密度。

提示

（1）每一束手工染制的毛线在色调上都有些微差异，为了避免明显的颜色差异，可以将两束线混合使用。在往返编织时，每到正面行时都变换一下毛线。在环形编织中，每隔 1 圈变换一下毛线。

（2）斗篷织成 1 片，自领口处向下编织。

简易斜线宽松针

（起针数为 4 的倍数）
第 1 圈：*2 针上针，2 针下针；从 * 处重复。
第 2 圈：*1 针下针，2 针上针，1 针下针；从 * 处重复。
第 3 圈：*2 针下针，2 针上针；从 * 处重复。
第 4 圈：*1 针上针，2 针下针，1 针上针；从 * 处重复。
重复第 1 ~ 4 圈，即形成简易斜线宽松针。

斗篷

从后片衣领边缘起针 44（46，48，50）针。按照如下针法往返编织：
第 1 ~ 6 行：*1 针下针，1 针上针；从 * 处重复。
第 7 行（加针行）（正面）：*K inc（见第 76 页），1 针上针；从 * 处重复，共 66（69，72，75）针。
第 8 行：*1 针下针，2 针上针；从 * 处重复。
第 9 ~ 13 行：下针时织下针，上针时织上针。
第 14 行（加针行）（反面）：*K inc，2 针上针；从 * 处重复，共 88（92，96，100）针。
第 15 行：*2 针下针，2 针上针；从 * 处重复。
第 16 ~ 20 行：下针时织下针，上针时织上针。

第 21 行（加针行）（正面）：*1 针下针，加 1 针，1 针下针，2 针上针；从 * 处重复，共 110（115，120，125）针。
第 22 行：*2 针下针，3 针上针；从 * 处重复。
第 23 ~ 27 行：下针时织下针，上针时织上针。
第 28 行（加针行）（反面）：*1 针下针，加 1 针，1 针下针，3 针上针；从 * 处重复，共 132（138，144，150）针。
第 29 行：*3 针下针，3 针上针；从 * 处重复。
第 30 ~ 34 行：下针时织下针，上针时织上针。
第 35 行（加针行）（正面）：*1 针下针，K inc，1 针下针，3 针上针；从 * 处重复，共 154（161，168，175）针。
第 36 行：*3 针下针，4 针上针；从 * 处重复。
第 37 ~ 41 行：下针时织下针，上针时织上针。
第 42 行（加针行）（反面）：*1 针下针，K inc，1 针下针，4 针上针；从 * 处重复，共 176（184，192，200）针。
第 43 行：*4 针下针，4 针上针；从 * 处重复。
第 44 ~ 54 行：下针时织下针，上针时织上针。
第 55 行（加针行）（正面）：*2 针下针，加 1 针，2 针下针，4 针上针；从 * 处重复，共 198（207，216，225）针。
第 56 行：*4 针下针，5 针上针；从 * 处重复。
第 57 ~ 65 行：下针时织下针，上针时织上针。
第 66 行（加针行）（反面）：*2 针下针，加 1 针，2 针下针，5 针上针；从 * 处重复至结束。然后另起针 20 针，共 240（250，260，270）针。织片合起，并在一圈的开始放置记号圈。按照如下针法继续编织：
第 1 ~ 10 圈：*5 针下针，5 针上针；从 * 处重复。
第 11 圈：*2 针下针，1 针上针，2 针下针，2 针上针，1 针下针，2 针上针；从 * 处重复。
重复第 11 圈至自衣领处量起长度为 40.5（42，43，44.5）cm。以罗纹针松松地收针。

衣领

面对正面，沿后片领边挑针并下针编织 44（46，48，50）针，左领边 58（57，58，57）针，前领边 20 针，右领边 58（57，58，57）针，共 180（180，184，184）针。织片合起，并在一圈的开始放置记号圈。简易斜线宽松针编织约 12.5cm 长，以第 4 圈结束。
下一圈（孔眼）：*2 针上针，下针 2 针并 1 针，挂线；从 * 处重复。
第 2 圈起，简易斜线宽松针再编织 10cm 长。以花样针松松地收针。

收尾

从前片中间开始编织也在这里结束编织，将皮绳穿过孔眼即可。

美丽弧线

系扣前开衫

这款与众不同的可爱开衫，前面呈弧形，后面
巧妙地形成曲线，美不胜收。

美丽弧线

系扣前开衫

所需材料和工具

毛线
超耐洗精纺羊毛线，每束100g，长约183m（4）
● 4（5，6，6）束矢车菊色毛线（SW57）

织针
● 2根8号（5mm）、60cm长的环形针，或能织出相同密度的织针
● 1套（5根）8号（5mm）双头棒针

其他物品
● 防脱别针
● 记号圈
● 3枚直径为25mm的纽扣

难度指数
●●●●

这是一款以经典开衫为灵感加以改良的有趣设计。改变育克的加针方法使前片不断加宽，在编织袖子和后片时形成水平状。这种编织技法非常独特，会使你成为众人关注的焦点。

型号
编织说明针对小号毛衣，编织中号、大号和超大号毛衣请参见括号内说明（在小号说明后展示）。

成品尺寸
胸围（系扣时）：101.5（114.5，118，131）cm
衣长：40.5（44，48，52）cm
袖口周长：29（32，34，37）cm

编织密度
10cm×10cm：8号环形针织单罗纹针24针24行（未拉伸时）。
请认真检查密度。

提示
（1）开衫自领口向下织成1片。
（2）结构图仅显示平面样式，不能显示穿在身上系扣后的效果。

单罗纹针
（起针数为2的倍数加1针）
第1行（正面）：1针下针，*1针上针，1针下针；从*处重复。

第2行：1针上针，*1针下针，1针上针；从*处重复。
重复编织第1、2行，即形成单罗纹针。

领口
用环形针起针139（149，155，165）针。用2根环形针往返编织单罗纹针4行。

育克
下一行（正面）：单罗纹针编织41（45，47，51）针（左前片），放置记号圈，2针下针，单罗纹针编织25（26，27，28）针（左后片），1针下针，放置记号圈（后片中间记号圈），2针下针，单罗纹针编织25（26，27，28）针（右后片），2针下针，放置记号圈，单罗纹针编织41（45，47，51）针（右前片）。

下一行（扣眼）（反面）：编织时跳过记号圈。单罗纹针编织6针，下3针收针，[单罗纹针编织9（11，13，15）针，下3针收针]重复2次，单罗纹针编织至结束。

加针行1（正面）：收针针目上方起针3针，单罗纹针编织至第1个记号圈，跳过记号圈，[1针下针，加1针]重复2次，单罗纹针编织至后片中间记号圈前1针处，加1针，1针下针，加1针，跳过记号圈，[1针下针，加1针]重复2次，单罗纹针编织至最后1个记号圈前2针，[加1针，1针下针]重复2次，跳过记号圈，单罗纹针编织至结束，共147（157，163，173）针。

下一行：单罗纹针编织至记号圈，跳过记号圈，2针上针，单罗纹针编织至后片中间记号圈前2针，2针上针，跳过记号圈，1针上针，单罗纹针编织至最后1个记号圈前2针，2针上针，跳过记号圈，单罗纹针编织至结束。

加针行2（正面）：单罗纹针编织至第1个记号圈，跳过记号圈，[1针下针，加1针]重复2次，单罗纹针编织至后片中间记号圈前1针，加1针，

1针下针，加1针，跳过记号圈，[1针下针，加1针]重复2次，单罗纹针编织至最后1个记号圈前2针，[加1针，1针下针]重复2次，跳过记号圈，单罗纹针编织至结束。

下一行：单罗纹针编织至记号圈，跳过记号圈，2针上针，单罗纹针编织至后片中间记号圈前2针，2针上针，跳过记号圈，1针上针，单罗纹针编织至最后1个记号圈前2针，2针上针，跳过记号圈，单罗纹针编织至结束。
重复编织上2行28（32，37，41）次，以反面行结束。共379（421，467，509）针。

衣袖分针
减针行1（正面）：单罗纹针编织41（45，47，51）针（左前片），移70（76，82，88）针到防脱别针上留作左袖，单罗纹针编织至后片中间记号圈前2针，SKP（见第157页），跳过记号圈，1针下针，下针2针并1针，单罗纹针编织70（76，82，88）针至最后1个记号圈，移70（76，82，88）针到防脱别针上留作右袖，单罗纹针编织41（45，47，51）针（右前片），衣身共237（267，301，331）针。

下一行：单罗纹针编织。

减针行2（正面）：单罗纹针编织至后片中间记号圈前2针，SKP，跳过记号圈，1针下针，下针2针并1针，单罗纹针编织至结束。
重复上2行2次，以正面行结束。单罗纹针收针，后片中间记号圈两边各减1针。

袖子
面对正面，用双头棒针以单罗纹针编织防脱别针上的70（76，82，88）针，将其分到4根棒针上。织片合起，并在一圈的开始放置记号圈。单罗纹针编织直至长度为23（23，24，25.5）cm，并以单罗纹针收针。

收尾
用毛线将纽扣缝到毛衫上，在纽扣前面打结，留少许毛线，剪断。

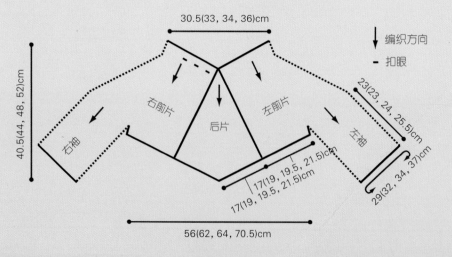

红粉娇娃

棋盘花短外套

这件用粉红色美利奴精纺毛线编织的敞胸短外套，不仅有着奢华的分层衣领，而且色彩艳丽甜美，像玫瑰一样美丽夺目，动人心魄。

红粉娇娃

棋盘花短外套

所需材料和工具

毛线

精纺美利奴毛线，每束50g，长约127.5m **④**
- 6（7，7，8）束深胭脂虫红毛线（1）

织针
- 3根9号（5.5mm）、60cm长的环形针，或能织出相同密度的织针
- 2根9号（5.5mm）、40cm长的环形针
- 1套（4根）9号（5.5mm）的双头棒针

其他物品
- 1枚直径25mm的纽扣
- 防脱别针
- 毛线缝针

难度指数

●●●●

一天傍晚，我从纽约联合广场格林市场穿过时，1个摆满绚烂多彩毛线的小摊吸引了我的目光，这些毛线都是本地毛线厂生产的。几个月以后，这些线的生产商尤金·怀特，送给我一些优质毛线，用来编织些衣物。这是一些高级超轻质毛线，色彩绚丽，赏心悦目。

型号

编织说明针对小号毛衣，编织中号、大号和超大号毛衣请参见括号内说明（在小号说明后展示）。

成品尺寸

后片宽度（腋下处）：45.5（51，56，61）cm
后片长度：27（30，35，36.5）cm

编织密度

10cm×10cm：9号针编织棋盘针16针24行。
请认真检查密度。

提示

短外套织成1片，由上而下编织。

棋盘针

（起针数为10的倍数，往返编织）
第1～6行：*5针下针，5针上针；从*处重复。
第7～12行：*5针上针，5针下针；从*处重复。
重复第1～12行，即形成棋盘针。

棋盘针

（起针数为10的倍数，环形编织）
第1～6圈：*5针下针，5针上针；从*处重复。
第7～12圈：*5针上针，5针下针；从*处重复。
重复第1～12圈，即形成棋盘针。

单罗纹针

（起针数为2的倍数，往返编织）
第1行：*1针下针，1针上针；从*处重复。

第2行：下针时织下针，上针时织上针。
重复第2行，即形成单罗纹针。

衣领

第1层

用60cm长的环形针，起针128（136，144，152）针，往返编织单罗纹针，直至领片长度为9cm。

下一行：整行从线圈后面织下针2针并1针，共64（68，72，76）针。放置一边。

第2层

用60cm长的环形针，起针128（136，144，152）针，往返编织单罗纹针，直至领片长度为6.5cm。

下一行：整行从线圈后面织下针2针并1针，共64（68，72，76）针。放置一边。

组装衣领：第1步

把第2层衣领放在第1层衣领之上，用第3根60cm长的环形针把它们编织在一起。

下一行（反面）：全上针。放置一边。

第3层

用60cm长的环形针，起针128（136，144，152）针，往返编织单罗纹针，直至领片长度为4cm。

下一行：整行从线圈后面织下针2针并1针。共64（68，72，76）针。

组装衣领：第2步

把第3层衣领放在组合的衣领（第2和第1层）之上，用第3根60cm长的环形针把它们编织在一起。在结束时，起针5针（前片衣边）。

下一行（反面）：全下针。在结束时，起针5针（前片衣边），下针织4行。

下一行（扣眼）（正面）：3针下针，收针2针，下针织到头。

下一行（反面）：全下针，在上一行收针处（2针）起针2针。下针织2行。

育克

注意：现在正面在分层衣领的反面。

第1行（反面）：19（20，21，22）针下针（右前片），放置记号圈，8针下针（袖子），放置记号圈，20（22，24，26）针下针（后片），放置记号圈，8针下针（袖子），放置记号圈，19（20，21，22）针下针（左前片）。

第2行（加针行）（正面）：*编织棋盘针至记号圈前1针处，挂线，1针下针，跳过记号圈，1针下针，挂线；从*处重复3遍（编织棋盘花样到头，注意加针时，一定要把花样排列整齐）

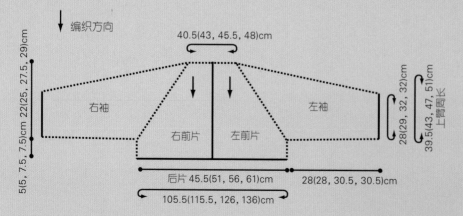

以便织到前片衣边 5 针处时，花样不乱，可以倒数一下从前片衣边处到现在位置的针数），共 82（86，90，94）针。

第 3 行（反面）：每一部分加针，增加棋盘花样，记号圈两边各用下针（正面织下针，反面织上针）编织 1 针。

重复上两行 25（28，31，34）次，共 282（310，338，366）针。

衣袖分针

棋盘针编织 45（49，53，57）针（左前片），在腋下处起针 2 针，在这 2 针中间放置记号圈，移 60（66，72，78）针到 40cm 长的环形针上，放在一边留作袖子，棋盘针编织 72（80，88，96）针（后片），在腋下处起针 2 针，在这 2 针中间放置记号圈，移 60（66，72，78）针到 40cm 长的环形针上，放在一边留作袖子，棋盘针编织 45（49，53，57）针（右前片），衣身共 166（182，198，214）针。

衣身

往返编织棋盘针，直至棋盘方块为 2（2，3，3）块，长度约为 5（5，7.5，7.5）cm。（注意：腋下处的棋盘花样会被打乱，要保证前、后片花样的完整。）收针。

袖子

将作为袖子的 60（66，72，78）针均匀分到 3 根双头棒针上，在腋下处起针 2 针，在这 2 针中间放置记号圈，合起开始环形编织。共 62（68，74，80）针。按照棋盘针编织，至长度为 2.5cm。

下一圈（减针圈）：下针 2 针并 1 针，继续编织棋盘针，最后以下针 2 针并 1 针结束。共 60（66，72，78）针。

再编织 5（4，4，3）圈。

重复上 6（5，5，4）圈 8（10，11，14）次，共 44（46，50，50）针。再按照棋盘针编织，至长度为 2.5cm。在第 6 圈或第 12 圈结束。松松地收针。按照上述针法编织另一只袖子。

收尾

在腋下处缝合衣身和袖子，在外套左手侧上方钉上扣子。

视觉冲击
凹凸罗纹针斗篷

形成巨大视觉冲击的黑白组合，质感丰富的针法花样，
简约但却醒目的外观，这些诠释了时尚的最高境界。

视觉冲击

凹凸罗纹针斗篷

所需材料和工具

毛线

幼羊驼毛线，每束 100g，长约 100m **⑤**

● 4（5）束黑色 / 米色毛线（2L470）

织针

● 2 根 10 号（6mm）的环形针，长度分别为 40cm 和 74cm，或能织出相同密度的织针

其他物品

● 记号圈

难度指数

●●○○

编织这件斗篷采用罗纹针，这种设计使斗篷更加贴身保暖。对于纹理丰富、色彩对比强烈的毛线而言，简单或者说是极简抽象的设计是不二的选择。黑白搭配是永恒的经典。

型号

编织说明针对小号 / 中号毛衣，编织大号 / 超大号毛衣请参见括号内说明（在小号 / 中号说明后展示）。

成品尺寸

底边周长（未拉伸）：89（101.5）cm

底边周长（拉伸）：111.5（129.5）cm

衣长（不包含高翻领）：33（38）cm

编织密度

10cm×10cm（未拉伸）：10 号环形针编织凹凸罗纹针 12 针 14 圈。

请认真检查密度。

凹凸罗纹针

（起针数为 2 的倍数）

第 1 圈：*1 针下针，1 针上针；从 * 处重复。

第 2 圈：* 上一圈对应针目中织 1 针下针，1 针上针；从 * 处重复。

重复第 1、2 圈，即形成凹凸罗纹针。

衣身

使用 74cm 长的环形针，从底边开始，起针 104（120）针，合起，注意不要让针目在织针上扭结。在一圈的开始放置记号圈。然后用凹凸罗纹针编织，至衣片长度为 33（38）cm，换用 40cm 长的环形针。

领圈

下一圈（减针圈）：* 从线圈后面织下针 2 针并 1 针，上针 2 针并 1 针；从 * 处重复，共 52（60）针。

高翻领

注意：图片展示中，针法花样的反面成为高翻领的正面，如果您想把针法花样的正面放在高翻领的正面，请把反面翻出在外面。按照如下针法继续编织：

从第 1 圈开始，用凹凸罗纹针编织，至长度为 28cm，用单罗纹针松松地收针。

白色经典

前裹身带袖短披肩

这件用赏心悦目的安哥拉兔毛和羊毛混纺毛线编织的带袖短披肩，演绎了奢华和舒适的极致。

白色经典

前裹身带袖短披肩

所需材料和工具

毛线

安哥拉兔毛、羊毛混纺线，每束50g，长约112m **④**

- 8（9，10，11）束土黄色毛线（4416）

织针

- 2根6号（4mm）、40cm长的环形针
- 1根6号（4mm）、81cm长的环形针，或能织出相同密度的织针

其他物品

- 记号圈
- 毛线缝针

难度指数

●●●●

这件短衫款式优雅，用传统的由上而下的编织方法织成。后片和袖子选用桂花针，一条用罗纹针编织的长围巾围绕在脖子上，巧妙地起到了紧身上衣的作用。

型号

编织说明针对小号毛衣，编织中号、大号和超大号毛衣请参见括号内说明（在小号说明后展示）。

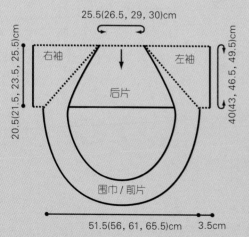

↓ 编织方向

25.5(26.5, 29, 30)cm

右袖　左袖

后片

围巾/前片

20.5(21.5, 23.5, 25.5)cm

40(43, 46.5, 49.5)cm

51.5(56, 61, 65.5)cm　3.5cm

成品尺寸

后片宽度（腋下处）：51.5（56，61，65.5）cm

后片长度：20.5（21.5，23.5，25.5）cm

编织密度

10cm×10cm：6号环形针编织桂花针19针34圈。

请认真检查密度。

提示

采用由上而下的编织方法。

单罗纹针

（起针数为2的倍数）

见第88页。

双罗纹针

（起针数为4的倍数）

第1行：*2针下针，2针上针；从*处重复。

第2行：下针时织下针，上针时织上针。

重复第2行，即形成双罗纹针。

桂花针

（起针数为2的倍数）

见第48页。

桂花针

（起针数为奇数）

第1圈：1针下针，*1针上针，1针下针；从*处重复。

第2圈：1针上针，*1针下针，1针上针；从*处重复。

重复第1、2圈，即形成桂花针。

罗纹针领子

用40cm长的环形针，起针96（100，108，112）针。用双罗纹针往返编织，至长度为10cm，在反面行结束。

下一行（减针行）（正面）：*从线圈后面织下针2针并1针，上针2针并1针；从*处重复，共48（50，54，56）针。

下一行（反面）：全单罗纹针。

下一行（正面）：用81cm长的环形针在已有针目中编织单罗纹针，另外起针300针（围巾/前片），在一圈的开始放置记号圈。注意起针针目不要扭结，合起并按照如下针法继续编织：

育克

第1圈（正面）：9针下针（左袖），放置记号圈，

30（32，36，38）针下针（后片），放置记号圈，9针下针（右袖），放置记号圈，300针下针（围巾/前片），共348（350，354，356）针。

第2圈（加针圈）：*1针下针，挂线，织桂花针至下个记号圈前1针，挂线，1针下针，跳过记号圈；从*处重复2次，1针下针，挂线，下针织围巾处针目，至记号圈前1针，挂线，1针下针，共356（358，362，364）针。

第3圈：*1针下针，织桂花针至下个记号圈前1针，1针下针，跳过记号圈；从*处重复2次，下针织到结束。

第4圈（加针圈）：*1针下针，挂线，织桂花针至下个记号圈前1针，挂线，1针下针，跳过记号圈；从*处重复2次，1针下针，挂线，上针织围巾处针目，至记号圈前1针，挂线，1针下针，共364（366，370，372）针。

第5圈：*1针下针，织桂花针至下个记号圈前1针，1针下针，跳过记号圈；从*处重复2次，1针下针，上针织至记号圈前1针，1针下针。

第6圈（加针圈）：*1针下针，挂线，织桂花针至下个记号圈前1针，挂线，1针下针，跳过记号圈；从*处重复2次，1针下针，挂线，上针织围巾处针目，至记号圈前1针，挂线，1针下针，共372（374，378，380）针。

第7圈：重复第3圈。

重复第2～7圈10（11，12，13）次，共612（638，666，692）针。

育克分针

第1圈：移75（81，87，93）针到40cm长的环形针上留作袖子，先放在一旁，用桂花针编织96（104，114，122）针（后片），移75（81，87，93）针到40cm长的环形针上留作袖子，先放在一旁，下针方向收针围巾处的366（372，378，384）针。

第2圈：按照如下针法为后片收针（小球边）：1针下针，*MB（见第56页），收针2针；从*处重复。

袖子

将第1根40cm长的环形针上的75（81，87，93）针合起，在腋下处放置记号圈，环形编织。继续编织桂花针，至长度为3.5cm。和后片一样，收针为小球边。

同样方法编织另一只袖子。

收尾

在腋下处缝合衣身和袖子，领边和围巾边对齐缝合。

波西米亚风

连帽斗篷

这款带流苏的斗篷充满自由简洁的特色。

波西米亚风

连帽斗篷

所需材料和工具

毛线

全棉线，每团50g，长约82m ④

● 9（10）团黄绿色毛线（7535）

织针

● 1根8号（5mm）、74cm长的环形针，或能织出相同密度的织针

● 1根8号（5mm）、40cm长的环形针

其他物品

● 记号圈

● 毛线缝针

难度指数

●●●○

许多人都坚称他们不能或不想在夏季进行编织，或不会织温暖天气所穿的外套，如果你也这样认为，那就试试棉线编织吧。这种材质易于染色，手感清凉，穿着舒适，这款薄薄的棉质外套非常适宜去海滩时或参加夏季音乐会时穿着。

型号

编织说明针对小号/中号毛衣，编织大号/超大号毛衣请参见括号内说明（在小号/中号说明后展示）。

成品尺寸

颈围：51（56）cm

下围：162.5（177.5）cm

衣长：43.5（45.5）cm

密度

10cm×10cm：8号环形针下针编织16针20行（圈）。

请认真检查密度。

提示

（1）斗篷是自上而下织成1片的。

（2）通过加针编织蕾丝花样，第1针加针像上针那样绕线，当第2针加针完成后，按照说明编织蕾丝花样。

网眼针

（起针数为2的倍数，往返编织）

第1行：* 挂线，上针2针并1针，从 * 处重复。

重复第1行即形成网眼针。

斜向网眼针

（起针数为2的倍数，环形编织）

第1圈：* 挂线，上针2针并1针；从 * 处重复。

第2圈：1针上针，* 挂线，上针2针并1针；从 * 处重复，最后织1针上针。

重复第1、2圈，即形成斜向网眼针。

兜帽

用40cm长的环形针起针80（88）针，往返编织。

第1行（正面）：4针下针，* 挂线，上针2针并1针；从 * 处重复，最后织4针下针。

第2行（反面）：4针上针，* 挂线，上针2针并1针；从 * 处重复，最后织4针上针。

重复第1、2行，直到织片达到35.5（38）cm，以第2行针法结束。

领边

下针编织4行。

育克

第1行（正面）：4针下针，放置记号圈，*18（22）针下针，放置记号圈；从 * 处重复3次，最后织4针下针。

第2行（反面）：全上针，跳过记号圈。

第3行（加针行）（正面）：4针下针（前片左襟），跳过记号圈，挂线，编织网眼针至记号圈前1针处，挂线，1针下针，跳过记号圈，*1针下针，挂线，编织网眼针至记号圈前1针处，挂线，1针下针，跳过记号圈；从 * 处重复1次，1针下针，挂线，编织网眼针至最后一个记号圈处，挂线，跳过记号圈，4针下针（前片右襟）。此行加针8针，共88（96）针。

第4行（反面）：4针上针，跳过记号圈，* 编织网眼针至记号圈前1针处，1针下针，跳过记号圈，1针上针；从 * 处重复2次，编织网眼针至最后一个记号圈处，跳过记号圈，4针上针。

重复编织第3、4行9次，每个记号圈两边的1针用下针编织（正面织下针，反面织上针）。共160（168）针。

下一行（加针行）（正面）：4针下针，跳过记号圈，* 挂线，下针编织至记号圈前1针，挂线，1针下针，跳过记号圈，1针下针；从 * 处重复2次，挂线，下针编织至最后一个记号圈前1针处，挂线，跳过记号圈，4针下针，共168（176）针。

织片合起，在一圈的开始放置记号圈。

第1圈：全下针。

第2圈（加针圈）：4针下针，跳过记号圈，挂线，* 下针编织至记号圈前1针处，挂线，1针下针，跳过记号圈，1针下针，挂线；从 * 处重复2次，下针编织至最后一个记号圈处，挂线，跳过记号圈，4针下针，共176（184）针。

第3~12圈：重复第1、2圈5次，共216（224）针。

第13圈：4针下针，跳过记号圈，* 编织斜向网眼针至记号圈前1针处，1针下针，跳过记号圈，1针下针；从 * 处重复2次，编织斜向网眼针至最后一个记号圈处，跳过记号圈，4针下针。

第14圈（加针圈）：4针下针，跳过记号圈，挂线，* 编织斜向网眼针至记号圈前1针处，挂线，1针下针，跳过记号圈，1针下针，挂线；从 * 处重复2次，编织斜向网眼针至最后一个记号圈处，挂线，跳过记号圈，4针下针。

第15~24圈：重复第13、14圈4（6）次，共256（280）针。

第25圈：全下针。

第26圈：4针下针，跳过记号圈，挂线，下针2针并1针，* 下针编织至记号圈前3针处，SKP（见第157页），挂线，1针下针，跳过记号圈，1针下针，挂线，下针2针并1针；从 * 处重复2次，下针编织至记号圈前2针处，SKP，挂线，跳过记号圈，4针下针。

重复第25、26圈5次。

下一圈：4针下针，跳过记号圈，* 上针编织至记号圈前1针处，1针下针，跳过记号圈，1针下针；从 * 处重复2次，上针编织至最后一个记号圈处，跳过记号圈，4针下针。

下一圈：4针下针，跳过记号圈，* 挂线，上针2针并1针，上针编织至记号圈前3针处，滑1针，1针上针，滑针盖过上针，挂线，1针下针，跳过记号圈，1针下针，从 * 处重复2次，挂线，上针2针并1针，上针编织至记号圈前2针处，上针2针并1针，挂线，跳过记号圈，4针下针。

重复上2圈5次。

重复第25、26圈6次。

上针织5圈，以上针收针。

收尾

将帽子的上端对折缝在一起，制作长约10cm的流苏，缀在斗篷和帽子的尖上。

银色风情

条纹短衫与脖套组合

这款闪亮的套装让你从早到晚都神采奕奕。

银色风情

条纹短衫与脖套组合

所需材料和工具

毛线

金属光泽毛线（人造纤维／金银线），每束25g，长约78m ③

● 短衫A线：1束银色线（1002）
● 脖套A线：5束银色线（1002）

毛线（细羊驼毛／羊毛），每束50g，长约133m ③

● B线：6（7，8，9）束银白色线（4209）

织针

● 2根7号（4.5mm）的环形针，长分别为40cm和60cm，或能织出相同密度的织针
● 1根6号（4mm）、40cm长的环形针，或能织出相同密度的织针
● 6号（4mm）、7号（4.5mm）双头棒针各1套（5根）

其他物品

● 防脱别针
● 记号圈

难度指数

●●●●

精细的羊驼毛线编织蕾丝罗纹针，使织物既能起到保暖功效又不会产生粗笨的效果，同时还会有漂亮的光泽。用金银线编织衣领，同时编织出一套与上装配套的脖套，使织物更显魅力。

型号

编织说明针对小号毛衣，编织中号、大号和超大号毛衣请参见括号内说明（在小号说明后展示）。

成品尺寸

短衫

胸围：90（101.5，112.5，122）cm
衣长（包括领子）：33（35.5，38，40.5）cm
上臂周长：32.5（35.5，39.5，42.5）cm

脖套

周长：56cm
宽度：19cm

密度

短衫

10cm×10cm（轻微拉伸）：B线，7号环形针编织环形罗纹针22针28圈。

脖套

10cm×10cm（未拉伸）：A线，6号环形针编织环形罗纹针35针32圈。

请认真检查密度。

提示

（1）上装自领口向下织成1片。
（2）脖套为环形编织，起针边和收针边织在一起，形成圆环。
（3）结构图见第155页。

环形罗纹针

（起针数为4的倍数）

第1～5圈：*2针下针，2针上针；从*处重复。
第6圈：* 挂线，SKP（见第157页），2针上针；从*处重复。
重复第1～6圈，即形成环形罗纹针。

短衫

领子

用40cm长的7号环形针和A线起针96（104，112，120）针。针目合起，注意不要让针目扭结，在一圈的开始放置记号圈，以单罗纹针编织6圈。

育克

换用B线。

下一圈：38（42，46，50）针下针（前片），放置记号圈，10针下针（左袖），放置记号圈，38（42，46，50）针下针（后片），放置记号圈，10针下针（右袖）。从第1圈开始按照如下针法编织环形罗纹针：

加针圈：1针下针，挂线，* 编织环形罗纹针至下个记号圈前1针处，挂线，1针下针，跳过记号圈，1针下针，挂线；从*处重复3次。编织环形罗纹针至下个记号圈前1针，挂线，1针下针。共104（112，120，128）针。

下一圈：1针下针，* 编织环形罗纹针至下个记号圈前1针处，1针下针，跳过记号圈，1针下针；从*处重复3次。编织环形罗纹针至下个

记号圈前1针处，1针下针。继续用环形罗纹针编织新的针目，需要的话可换用较长、较粗的环形针。

重复上2圈29（33，37，40）次，共336（376，416，448）针。

衣袖分针

按照如下针法继续编织环形罗纹针。

下一圈：编织前98（110，122，132）针，将下70（78，86，92）针移到防脱别针上留作袖子，编织下98（110，122，132）针，将下70（78，86，92）针移到防脱别针上留作袖子，衣身共196（220，244，264）针。

合起，在一圈的开始放置记号圈，继续用环形罗纹针编织下6圈。然后用罗纹针编织，为平衡罗纹可在需要的一边减针，直到织片从分针处量起长度为10cm，以罗纹针松松地收针。

袖子

上臂

面对正面，用7号双头棒针和B线，以环形罗纹针编织防脱别针（袖子）上的70（78，86，92）针。将针目分在4根针上。合起并在一圈的开始放置记号圈。均匀编织至长度为25.5cm。最后一圈做标记。

前臂

换用6号双头棒针。

下一圈（减针圈）：3（0，0，0）针下针，*1针下针，下针2针并1针；从*处重复，最后织1（0，2，2）针下针，共48（52，58，62）针。

下5圈：全下针。

下一圈（减针圈）：下针2针并1针，下针编织至最后2针处，ssk（见第157页）。

下5圈：全下针。

重复上6圈0（0，1，2）次，共46（50，54，56）针。然后均匀地编织下针直到从记号圈量织片长度为26.5（26.5，28，28）cm。

袖箍

编织单罗纹针，长度为5cm。拇指开口部分往返编织单罗纹针至长度为2.5cm，在反面行结束。继续编织单罗纹针，长度为5cm，以单纹针松松地收针。

脖套

用40cm长的6号环形针和A线起针132针。合起，注意不要使针上的针目扭结，在一圈的开始放置记号圈。编织环形罗纹针至长度为56cm，以第6圈结束。以花样针法松松地收针。将起针边和收针边缝合在一起形成环形。

花样年华

交叉麻花短衫

这款简洁的短款毛衣整片都是以密实的交叉麻花花样构成的。

花样年华

交叉麻花短衫

所需材料和工具

毛线

毛线，每束 100g，长约 102m（6）

- 7（8，9，11）束陶蓝色线（108）

织针

- 4 根 13 号（9mm）环形针，1 根长 40cm，3 根长 74cm，或能织出相同密度的织针

其他物品

- 麻花针
- 记号圈

难度指数

●●●○

通常我喜欢将这种花样与其他花样结合使用，但在这里我让这种针法成为主导。这种花样稍显粗犷，尤其是用粗线编织时。

型号

编织说明针对小号毛衣，编织中号、大号和超大号毛衣请参见括号内说明（在小号说明后展示）。

成品尺寸

胸围：97（109，125，141）cm

衣长：42（43.5，43.5，46）cm

袖口周长：43（46，46，51）cm

密度

10cm×10cm：13 号环形针编织交叉麻花针 17 针 14 圈。

请认真检查密度。

提示

（1）身体至袖隆处环形编织，胸部上面往返编织。

（2）前肩片比后肩片多出 6 针。

（3）袖子织成筒状。

针法说明

4-st RC：移 2 针至麻花针，将其放在外侧，下 2 针织下针，下针编织麻花针上的 2 针。

4-st LC：移 2 针至麻花针，将其放在内侧，下 2 针织下针，下针编织麻花针上的 2 针。

4-st RPC：移 2 针至麻花针，将其放在外侧，下 2 针织下针，上针编织麻花针上的 2 针。

4-st LPC：移 2 针至麻花针，将其放在内侧，下 2 针织上针，下针编织麻花针上的 2 针。

交叉麻花针

（起针数为 6 的倍数）

第 1 圈（行）：*4 针下针，2 针上针；从 * 处重复。

第 2 圈（行）和其他所有的偶数圈（行）：下针时织下针，上针时织上针。

第 3 圈（行）：*4-st RC，2 针上针；从 * 处重复。

第 5 圈（行）：2 针上针，*2 针下针，4-st RPC；从 * 处重复到最后 4 针处，4 针下针。

第 7 圈（行）：*2 针上针，4-st LC；从 * 处重复。

第 9 圈（行）：4 针下针，*4-st LPC，2 针下针；从 * 处重复到最后 2 针处，2 针上针。

第 10 圈（行）：重复第 2 圈（行）。

重复第 1～10 圈（行），即形成交叉麻花针。

衣身

用 74cm 长的环形针，起针 162（186，210，234）针。针目合起，在一圈的开始放置记号圈。编织交叉麻花针直到织片达到 20.5cm 长，以偶数行结束。

后肩片

用另一根 74cm 长的环形针，前 78（90，102，114）针编织交叉麻花针，下 84（96，108，120）针留在前个织针上以编织前胸片（做好标记，记得自己是从哪一圈开始的）。用两根环形针继续往返编织交叉麻花针，直到袖隆为 21.5（23，23，25.5）cm，在反面行结束，以花样针法松松地收针。

前肩片

用两根环形针往返编织交叉麻花针 84（96，108，120）针，直到袖隆为 21.5（23，23，25.5）cm，在反面行结束（做好标记，记得自己是从哪一圈开始编织领子的）。

领子

下一圈（正面）：编织前 24（30，36，42）针，将中间的 36 针移到 40cm 长的环形针上，接上第 2 团毛线继续编织下 24（30，36，42）针。两边同时编织，要均匀，使后片到肩膀两侧的织片长度一致，在反面行结束。以花样针法松松地将两边收针。

袖子

用 40cm 长的环形针起针 72（78，78，84）针，合起，注意不要使针目在针上扭结，在一圈的开始放置记号圈。编织交叉麻花针，直到织片长为 20.5（23，23，25.5）cm，在奇数行结束，以花样针法收针。

收尾

缝好肩缝。

领子

面对正面，用环形针的左手针尖穿好领子前片针目，接好毛线，挑针沿领子的右边织 3 针下针，沿领子后部织 30 针，然后沿领子的左边织 3 针，共 72 针。合起，在一圈的开始放置记号圈。从奇数圈开始，编织交叉麻花针 5 圈。以花样针法收针。将袖子与袖隆缝合。

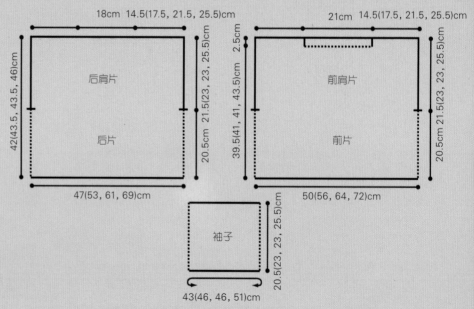

美丽悦目

费尔岛花样粗线带袖短披肩

超粗毛线和靓丽的彩色图案搭配出精彩的短款毛衣。

美丽悦目

费尔岛花样粗线带袖短披肩

所需材料和工具

毛线

超粗毛线（秘鲁高原羊毛），每束250g，长约112m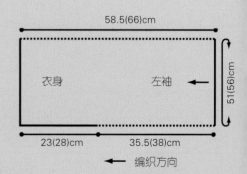

- A线：3（4）束中国红色线（9431）
- B线：2（3）束夏威夷蓝色线（9421）

织针

- 2根15号（10mm）、40cm长的环形针，或能织出相同密度的织针
- 2根15号（10mm）、74cm长的环形针，或能织出相同密度的织针

其他物品

- 记号圈

难度指数

●●●●

这种粗线编织的、具有醒目图案的上衣可以很快完成，两个半片织好后连在一起，之后沿领口挑起针目编织领子。尽管这款衣服的颜色受到美国当地织物的启发，但针法花样还是扩大版的费尔岛花样。

型号

编织说明针对小号/中号毛衣，编织大号/超大号毛衣请参见括号内说明（在小号/中号说明后展示）。

成品尺寸

胸围：91.5（111.5）cm
衣长：29（31.5）cm
袖口周长：51（56）cm

密度

12.5cm×12.5cm：依照图表用15号环形针编织11针13圈。
请认真检查密度。

提示

（1）环形编织袖子至腋下处，往返编织衣身织片。
（2）环形编织时从右向左读图表。
（3）图表见第156页。

桂花针

（起针数为2的倍数）
见第48页。

左半片

袖子

从底边开始编织，将两根40cm长的针并在一起（以便起的针目比较宽松），交叉使用A线和B线，用后圈起针法起针44（48）针。去掉一根针，合起，在一圈的开始放置记号圈。按照以下针法编织罗纹针：

第1、2圈：*A线织1针上针，B线织1针下针；从*处重复。

开始编织图表1（见第156页）

第1圈：编织4针，重复11（12）次。继续按照图表编织至第8圈。

开始编织图表2

第1圈：编织4针，重复11（12）次。继续按照图表编织至第9圈。

开始编织图表3

第1圈：编织4针，重复11（12）次。继续按照图表编织至第10圈。

开始编织图表4

第1圈：编织4针，重复11（12）次。继续按照图表编织至第4圈。

针对小号/中号

重复第1~3圈1次。

针对大号/超大号

重复第1~4圈1次，然后再重复第1圈、第2圈1次。

衣身

适用于所有尺寸

用两根74cm长的环形针按照如下针法往返编织条形花样：

第1行（正面）：A线，全下针。
第2行：A线，全上针。
第3行：B线，全下针。
第4行：B线，全上针。
重复这4行5（6）次，用B线收针。

右半片

袖子

像左袖一样起针和编织罗纹针。换用B线，下针编织2圈。

开始编织图表5

第1圈：编织4针，重复11（12）次。继续按照图表编织至第10圈。

开始编织图表6

第1圈：编织4针，重复11（12）次。继续

照图表编织至第9圈。

开始编织图表1

第1圈：编织4针，重复11（12）次。继续按照图表编织至第8圈。

开始编织图表4

第1圈：编织4针，重复11（12）次。继续按照图表编织至第4圈。

针对小号/中号

重复第1圈1次。

针对大号/超大号

重复第1~4圈1次。

衣身（适用于所有尺寸）

用两根74cm长的环形针按照如下针法往返编织条形花样：

第1行（正面）：B线，全下针。
第2行：B线，全上针。
第3行：A线，全下针。
第4行：A线，全上针。
重复这4行5（6）次，用A线收针。

收尾

从底边向上，用B线以包缝的方法在前后缝合7.5（10）cm的缝边，将两个半片缝合在一起。

领子

面对正面，用74cm长的环形针和A线，从后片中间缝边开始均匀地挑起针目，沿左领边缘至前片中间缝边织33针下针，然后再沿右领边缘至后片中间缝边织33针下针。共66针。合起，在一圈的开始放置记号圈。编织桂花针至长度为25.5（28）cm。用桂花针松松地收针。

底边

面对正面，用74cm长的环形针和A线，从右侧腋下中间开始均匀地挑起针目，沿前片底边至左侧腋下中间织52（63）针下针，然后再沿后片底边至右侧腋下中间织52（63）针下针，共104（126）针。合起，在一圈的开始放置记号圈。以桂花针编织3圈。用桂花针松松地收针。

58.5(66)cm

衣身　　　　　　左袖　←

51(56)cm

23(28)cm　　35.5(38)cm

← 编织方向

白雪奇迹

绒球套头衫

无论是驾着雪橇还是在壁炉旁品着热巧克力，都需要
一款这样的冬衣与之呼应。

白雪奇迹

绒球套头衫

所需材料和工具

毛线

缎带毛线（手工染色幼马海毛／手工制作的缎带），每束50g，长约87m **⑤**
- A线：3（3，3，4）束天然色线（49）

手工美利奴羊毛线，每束100g，长约59m **⑤**
- B线：4（4，5，5）束天然色线（49）

织针
- 1根10.5号（6.5mm）、60cm长的环形针，或能织出相同密度的织针
- 2根10.5号（6.5mm）、40cm长的环形针

其他物品
- 记号圈
- 毛线缝针

难度指数
●●●●

还有什么比这件饰有绒球、缎带的套头衫更能一扫冬日的阴霾？这件套头衫看着编织其实并非如此，育克多出来的部分与钟形图案和绒球非常简单地结合在一起。

型号

编织说明针对小号毛衣，编织中号、大号和超大号毛衣请参见括号内说明（在小号说明后展示）。

成品尺寸

胸围（腋下处）：89（94.5，103，115.5）cm
后片长度：30.5（33，35.5，37.5）cm

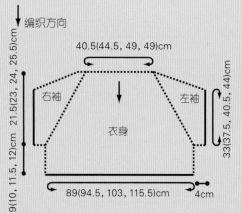

编织方向

40.5(44.5, 49, 49)cm

右袖　左袖

衣身

21.5(23, 24, 25.5)cm　9(10, 11.5, 12)cm

33(37.5, 40.5, 44)cm

89(94.5, 103, 115.5)cm　4cm

密度

10cm×10cm：A线（双线）、10.5号环形针下针编织10针12圈。

10cm×10cm：B线、10.5号环形针上针编织13针20圈。

10cm×10cm：B线、10.5号环形针编织坎特伯雷钟形图案15针20行。

请认真检查密度。

提示

（1）套头衫从上往下环形编织。

（2）编织坎特伯雷钟形图案针数是不同的，所有的讲解都是基于最初的起针数。

针法说明

m7：分别在1针的前后织，重复3次，再在前面织1次。

单罗纹针

（起针数为2的倍数）

第1圈：*1针下针，1针上针，从*处重复。
重复第1圈，即形成单罗纹针。

坎特伯雷钟形图案

（起针数为6的倍数）

第1圈：*2针上针，1针下针，2针上针，m7；从*处重复。

第2圈：*2针上针，1针下针，2针上针，7针（从线圈后面织）下针；从*处重复。

第3圈：*2针上针，1针下针，2针上针，5针下针，下针2针并1针；从*处重复。

第4圈：*2针上针，1针下针，2针上针，4针下针，下针2针并1针；从*处重复。

第5圈：*2针上针，1针下针，2针上针，3针下针，下针2针并1针；从*处重复。

第6圈：*2针上针，1针下针，2针上针，下针2针并1针；从*处重复。

第7圈：*2针上针，1针下针，2针上针，1针下针，下针2针并1针；从*处重复。

第8圈：*2针上针，1针下针，2针上针，下针2针并1针；从*处重复。

第9圈：*2针上针，1针下针，3针上针；从*处重复。

重复第1～9圈即形成坎特伯雷钟形图案。

领子

用60cm长的环形针和A线（双线）起针96（102，108，108）针，放置记号圈，合起，注意不要将针目扭结。

第1圈：48（51，54，54）针下针，放置记号圈（正中间），下针织到最后。

第2圈：下针2针并1针，下针织到中间记号圈前2针，SKP（见第157页），下针2针并1针，下针织到记号圈前2针，SKP，共92（98，104，104）针。

重复第1、2圈8次，共60（66，72，72）针。下针编织，长度为6.5cm。

编织单罗纹针，长度为9cm。

育克

换用B线。

第1、2圈：全下针。

第3圈：*2针上针，1针下针，2针上针，m7；从*处重复。

第4圈：*2针上针，1针下针，2针上针，7针（从线圈后面织）下针；从*处重复。

第5圈：*2针上针，k1b（见第56页），2针上针，5针下针，下针2针并1针；从*处重复，共70（77，84，84）针。

第6圈：*2针上针，2针下针，2针上针，4针下针，下针2针并1针，从*处重复。

第7圈：*2针上针，2针下针，2针上针，3针下针，下针2针并1针；从*处重复。

第8圈：*2针上针，1针下针，挂线，1针下针，2针上针，2针下针，下针2针并1针；从*处重复，共80（88，96，96）针。

第9圈：*2针上针，1针下针，MB（见第56页），1针下针，2针上针，1针下针，下针2针并1针；从*处重复。

第10圈：*2针上针，1针下针，1针（从线圈后面织），1针下针，2针上针，下针2针并1针；从*处重复。

第11圈：*2针上针，1针下针，挂线，1针下针，挂线，1针下针，3针上针；从*处重复，共100（110，120，120）针。

第12圈：*2针上针，1针下针，1针上针，1针下针，1针上针，1针下针，2针上针，m7；从*处重复。

第13圈：*2针上针，1针下针，MB，1针下针，MB，1针下针，2针上针，7针（从线圈后面织）下针；从*处重复。

第14圈：*2针上针，1针下针，1针上针，1针下针，1针上针，1针下针，2针上针，5针下针，下针2针并1针；从*处重复。

第15圈：*2针上针，1针下针，1针上针，1针下针，1针上针，1针下针，2针上针，4针下针，下针2针并1针；从*处重复。

第16圈：*2针上针，1针下针，1针上针，k1b，1针上针，1针下针，2针上针，3针下针，下针2针并1针；从*处重复，共110（121，132，132）针。

第17圈：*2针上针，1针下针，MB，2针下针，MB，1针下针，2针上针，2针下针，下

针 2 针并 1 针；从 * 处重复。

第 18 圈：*2 针上针，1 针下针，1 针上针，2 针下针，1 针上针，1 针下针，2 针上针，1 针下针，下针 2 针并 1 针；从 * 处重复。

第 19 圈：*2 针上针，1 针下针，1 针上针，[k1b] 重复 2 次，1 针上针，1 针下针，2 针上针，下针 2 针并 1 针；从 * 处重复，共 130（143，156，156）针。

第 20 圈：*2 针上针，1 针下针，1 针上针，2 针下针，挂线，2 针下针，1 针上针，1 针下针，3 针上针；从 * 处重复，共 140（154，168，168）针。

第 21 圈：*2 针上针，1 针下针，MB，2 针下针，MB，2 针下针，MB，1 针下针，2 针上针，m7；从 * 处重复。

第 22 圈：*2 针上针，1 针下针，1 针上针，2 针下针，1 针上针，2 针下针，1 针上针，1 针下针，2 针上针，7 针（从线圈后面织）下针；从 * 处重复。

第 23 圈：*2 针上针，1 针下针，1 针上针，2 针下针，1 针上针，2 针下针，1 针上针，1 针下针，2 针上针，5 针下针，下针 2 针并 1 针；从 * 处重复。

第 24 圈：*2 针上针，1 针下针，1 针上针，2 针下针，1 针上针，2 针下针，1 针上针，1 针下针，2 针上针，4 针下针，下针 2 针并 1 针；从 * 处重复。

第 25 圈：*2 针上针，挂线，SKP，MB，1 针下针，1 针上针，1 针下针，MB，下针 2 针并 1 针，挂线，2 针上针，3 针下针，下针 2 针并 1 针；从 * 处重复。

第 26 圈：*3 针上针，[1 针下针，1 针上针] 重复 3 次，1 针下针，3 针上针，2 针下针，下针 2 针并 1 针；从 * 处重复。

第 27 圈：*3 针上针，挂线，SKP，1 针下针，1 针上针，1 针下针，下针 2 针并 1 针，挂线，3 针上针，1 针下针，下针 2 针并 1 针；从 * 处重复。

第 28 圈：* 挂线，4 针上针，2 针下针，MB，2 针下针，4 针上针，挂线，下针 2 针并 1 针；从 * 处重复，共 160（176，192，192）针。

第 29 圈：*5 针上针，挂线，SKP，1 针（从线圈后面织）下针，下针 2 针并 1 针，挂线，6 针上针；从 * 处重复。

第 30 圈：*6 针上针，3 针下针，6 针上针，m7；从 * 处重复。

第 31 圈：*6 针上针，加 1 针，从线圈后面织下针 3 针并 1 针，加 1 针，6 针上针，7 针（从线圈后面织）下针；从 * 处重复。

第 32 圈：*15 针上针，5 针下针，下针 2 针并 1 针；从 * 处重复。

第 33 圈：*15 针上针，4 针下针，下针 2 针并

1 针；从 * 处重复。

第 34 圈：* 挂线，15 针上针，挂线，3 针下针，下针 2 针并 1 针；从 * 处重复，共 180（198，216，216）针。

第 35 圈：*17 针上针，2 针下针，下针 2 针并 1 针；从 * 处重复。

第 36 圈：*17 针上针，1 针下针，下针 2 针并 1 针；从 * 处重复。

第 37 圈：*17 针上针，下针 2 针并 1 针，从 * 处重复。

第 38 圈：*17 针上针，k1b；从 * 处重复，共 190（209，228，228）针。

针对小号、中号和大号

继续织上针，直到下垂的肩部长 21.5（23，24）cm 或达到自己想要的长度，继续育克分针的编织。

针对超大号

第 39 圈：全上针。

第 40 圈：*17 针上针，[k1b] 重复 2 次；从 * 处重复，共 252 针。

继续织上针，直到下垂的肩部长 25.5cm 或达到自己想要的长度，继续育克分针的编织。

育克分针

高领的斜边接缝要在袖子上方，所以育克的分针顺序很重要。

移前 20（23，25，27）针到 40cm 长的环形针上（作为第一只袖子的一半），放置一边，将毛线剪断，再按下面的方法重新连接毛线以区分育克的剩余针目：用环形针织 55（59，64，72）针上针（前片），起针 2 针（腋下处），移后 40（46，50，54）针到 40cm 长的环形针上，放置一边，55（59，64，72）针上针（后片），起针 2 针（腋下处），将后 20（23，25，27）针滑到第一只袖子针目所在的环形针上。

衣身

面对反面，在一圈的开始放置记号圈，共 114（122，132，148）针。编织 16（18，20，22）圈下针。

下一圈：*1 针下针，挂线；从 * 处重复。

编织单罗纹针 2 圈，并以罗纹针收针。

袖子

面对反面，环形编织。在腋下处起针 2 针，并在 2 针之间放置记号圈，共 42（48，52，56）针。先编织 6 圈下针，再编织 2 圈单罗纹针，然后以罗纹针收针。

以同样方法编织另一只袖子。

收尾

将衣身与袖子在腋下处缝合。

糖果心语

褶饰披肩

这款温暖而奢华的披肩，用糖果红颜色的毛线织
成，穿上它就会让你心跳加速。

糖果心语

褶饰披肩

所需材料和工具

毛线

拉绒毛线（幼羊驼毛／美利奴羊毛／竹纤维），每束50g，长约130m **④**
- 主色线：5（6，6）束糖果红色线（902）

手工染色精纺羊驼毛线（皇家羊驼毛／美利奴羊毛），每束100g，长约91m **④④**
- 对比色线：2束紫红色线（2026）

织针
- 2根9号（5.5mm）环形针，长度分别为40cm和61cm，或能织出相同密度的织针
- 1套（5根）9号（5.5mm）双头棒针

其他物品
- 记号圈

难度指数

●●○○

两种羊驼毛（其中一种含有竹纤维）合在一起，织出超级柔软的保暖上衣。设计这款披肩时，我的本意并不是想得到较高的回头率，而是超级喜欢这款复古的披肩的华丽感。

型号

编织说明针对小号毛衣，编织中号和大号毛衣请参见括号内说明（在小号说明后展示）。

成品尺寸

周长：99（109，119.5）cm

网眼条状最窄处长度：18cm

网眼条状最宽处长度：40.5cm

密度

10cm×10cm：主色线，9号环形针编织下针14针16圈。

请认真检查密度。

提示

整个披肩是一个整体，从网眼条状1（最窄处）开始，也在这里结束。

网眼条状1

用双头棒针和对比色线起针48针，将这些针目平均分到4根织针上，合起，注意不要使针上的针目扭结，在一圈的开始放置记号圈。

第1圈：全下针。

第2圈：全上针。

第3圈：*1针下针，1针上针；从*处重复。

第4圈：1针下针，*挂线，SKP（见第157页）；从*处重复，最后1针织上针。

第5圈：*1针下针，1针上针；从*处重复。

第6圈：全上针。

下一圈（加针圈）：*3针下针，kf&b（见第157页）；从*处重复，共60针。换用主色线。

下一圈：全下针。换用40cm长的环形针。

下一圈（加针圈）：*1针下针，加1针；从*处重复，共120针。

下6圈：全下针。

下一圈（减针圈）：*从线圈后面织下针2针并1针；从*处重复，共60针。

网眼条状2

用对比色线按照网眼条状1的方法织第1~6圈。

下一圈（加针圈）：*4针下针，kf&b；从*处重复，共72针。换用主色线。

下一圈：全下针。换用61cm的环形针。

下一圈（加针圈）：*1针下针，加1针；从*处重复，共144针。

下8圈：全下针。换用40cm长的环形针。

下一圈（减针圈）：*从线圈后面织下针2针并1针；从*处重复，共72针。

网眼条状3

用对比色线按照网眼条状1的方法织第1~6圈。

下一圈（加针圈）：*5针下针，kf&b；从*处重复，共84针。换用主色线。

下一圈：全下针。换用61cm长的环形针。

下一圈（加针圈）：*1针下针，加1针；从*处重复，共168针。

下10圈：全下针。

下一圈（减针圈）：*从线圈后面织下针2针并1针；从*处重复，共84针。

网眼条状4

用对比色线按照网眼条状1的方法织第1~6圈。

下一圈（加针圈）：*6针下针，kf&b；从*处重复，共96针。换用主色线。

下一圈：全下针。

下一圈（加针圈）：*1针下针，加1针；从*处重复，共192针。

下12圈：全下针。

下一圈（减针圈）：*从线圈后面织下针2针并1针；从*处重复，共96针。

网眼条状5

用对比色线按照下面方法编织：

第1圈：全下针。

第2圈：全上针。

第3圈：*1针下针，1针上针；从*处重复。

第4圈：1针下针，*挂线，SKP；从*处重复，最后1针织上针。

第5圈：*1针下针，1针上针；从*处重复。

第6圈：全上针。

第7圈：全下针。换用主色线。

下一圈：全下针。

下一圈（加针圈）：*1针下针，加1针；从*处重复，共192针。

下12圈：全下针。

下一圈（减针圈）：*从线圈后面织下针2针并1针；从*处重复，共96针。

网眼条状5重复编织2（3，4）次。

网眼条状6

用对比色线按照下面方法编织：

第1圈（减针圈）：*6针下针，下针2针并1针；从*处重复，共84针。

第2圈：全上针。

第3圈：*1针下针，1针上针；从*处重复。

第4圈：1针下针，*挂线，SKP；从*处重复，最后1针织上针。

第5圈：*1针下针，1针上针；从*处重复。

第 6 圈：全上针。

第 7 圈：全下针。换用主色线。

下一圈：全下针。

下一圈（加针圈）：*1 针下针，加 1 针；从 *处重复，共 168 针。

下 10 圈：全下针。

下一圈（减针圈）：* 从线圈后面织下针 2 针并 1 针；从 *处重复，共 84 针。换用 40cm 长的环形针。

网眼条状 7

用对比色线按照下面方法编织：

第 1 圈（减针圈）：*5 针下针，下针 2 针并 1 针；从 *处重复，共 72 针。

重复网眼条状 6 的第 2 ~ 7 圈的针法。然后换用主色线。

下一圈：全下针。换用 61cm 长的环形针。

下一圈（加针圈）：*1 针下针，加 1 针；从 *处重复，共 144 针。

下 8 圈：全下针。换用 40cm 长的环形针。

下一圈（减针圈）：* 从线圈后面织下针 2 针并 1 针；从 *处重复，共 72 针。

网眼条状 8

用对比色线按照下面方法编织：

第 1 圈（减针圈）：*4 针下针，下针 2 针并 1 针，从 *处重复，共 60 针。

重复网眼条状 6 的第 2 ~ 7 圈的针法。换用主色线。

下一圈：全下针。换用 61cm 长的环形针。

下一圈（加针圈）：*1 针下针，加 1 针；从 *处重复，共 120 针。

下 6 圈：全下针。换用 40cm 长的环形针。

下一圈（减针圈）：* 从线圈后面织下针 2 针并 1 针；从 *处重复，共 60 针。

网眼条状 9

用双头棒针和对比色线按照下面方法编织：

第 1 圈（减针圈）：*3 针下针，下针 2 针并 1 针；从 *处重复，共 48 针。

重复网眼条状 6 的第 2 ~ 7 圈的针法。换用主色线。

下一圈：全下针。换用 61cm 长的环形针。

下一圈（加针圈）：*1 针下针，加 1 针；从 *处重复，共 96 针。

下 4 圈：全下针。换用双头棒针。

下一圈（减针圈）：* 从线圈后面织下针 2 针并 1 针；从 *处重复，共 48 针。下针方向收针。

剪断毛线，留出长线头用于缝合。

收尾

用主色线的线头，将收针边和网眼条状 1 的起针边缝在一起。

短小精悍

斗篷和暖袖

漂亮的毛线配以迷人的针法织出这款略带颓废气息的上装，可拆卸的暖袖是这件织品的亮点。

短小精悍

斗篷和暖袖

所需材料和工具

毛线

粗毛线（羊驼毛／羊毛），每束100g，长约41m **6**

- 斗篷用线：6（7）束银貂色毛线（1002）
- 暖袖用线：2（3）束银貂色毛线（1002）

织针

- 2根15号（10mm）环形针，长度分别为40cm和74cm，或能织出与斗篷织片相同密度的织针
- 1套（4根）15号（10mm）双头棒针，或能织出与暖袖织片相同密度的织针

其他物品

- 记号圈

难度指数

●●●○

这套斗篷可以像毛衣一样保暖，同时穿着风格多变。用粗线编织，速度会非常快，因此这款斗篷也是礼物的上上之选。

型号

编织说明针对小号／中号毛衣，编织大号／超大号毛衣请参见括号内说明（在小号／中号说明后展示）。

成品尺寸

斗篷

下摆周长（未拉伸）：81（91.5）cm

下摆周长（拉伸）：101.5（114.5）cm

衣长（包括高领）：40.5（43）cm

暖袖

周长：20.5（23）cm

袖长：40.5cm

密度

斗篷

10cm×10cm：15号环形针编织下滑针8针11圈。

暖袖

10cm×10cm（未拉伸）：15号双头棒针编织单罗纹针9针11圈。

请认真检查密度。

下滑针

（起针数为8的倍数）

第1圈：*2针下针，2针上针；从 * 处重复。

第2圈：*1针下针，挂线，1针下针，2针上针，2针下针，2针上针；从 * 处重复。

第3~8圈：下针和挂线时织下针，上针时织上针。

第9圈：*1针下针，下1针下滑针，让针目脱针，1针下针，2针上针，1针下针，挂线，1针下针，2针上针；从 * 处重复。

第10~15圈：重复第3圈。

第16圈：*1针下针，挂线，1针下针，2针上针，1针下针，下1针下滑针，让针目脱针，1针下针，2针上针；从 * 处重复。

重复第1~16圈，即形成下滑针。

斗篷

从下部边缘开始编织，用74cm长的环形针起针64（72）针，合起，注意不要使针目扭结，在一圈的开始放置记号圈。以双罗纹针编织1(4)圈。然后按照如下针法编织：

编织下滑针的第1~16圈1次，第3~16圈1次，第3~8圈1次。

下一圈：*1针下针，下1针下滑针，让针目脱针，1针下针，2针上针，2针下针，2针上针；从 * 处重复。

领子

第1圈（减针圈）：* 下针2针并1针，2针上针，2针下针，2针上针；从 * 处重复，共56（63）针。换用40cm长的环形针。

第2、3圈：下针时织下针，上针时织上针。

第4圈（减针圈）：*1针下针，2针上针，下针2针并1针，2针上针；从 * 处重复，共48（54）针。

高领

下一圈：下针时织下针，上针时织上针。重复这一圈的针法直到织片达到28cm，以单罗纹针收针。

暖袖

用双头棒针起针18（20）针，将这些针目分在3根织针上，合起，注意不要使针上的针目扭结，在一圈的开始放置记号圈。以单罗纹针编织至长度为40.5cm，以罗纹针松松地收针。

依你而蓝

条纹蕾丝上衣

用漂亮的蓝条和蕾丝图案编织漂亮的短衫，将
自己装点成迷人的南方美女。

依你而蓝

条纹蕾丝上衣

所需材料和工具

毛线

丝光棉，每束100g，长约186m **3**

- A线：2（3，3，3）束陶蓝色毛线（2647）
- B线：2（3，3，3）束海蓝色毛线（2610）

织针

- 3根5号（3.75mm）、60cm长的环形针，或能织出相同密度的织针
- 1根5号（3.75mm）、40cm长的环形针
- 1套（5根）5号（3.75mm）双头棒针

其他物品

- 记号圈

难度指数

●●●○

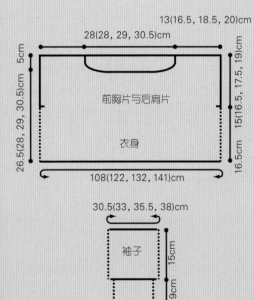

13(16.5, 18.5, 20)cm

28(28, 29, 30.5)cm

5cm

15(16.5, 17.5, 19)cm

26.5(28, 29, 30.5)cm

16.5cm

前胸片与后肩片

衣身

108(122, 132, 141)cm

30.5(33, 35.5, 38)cm

袖子

15cm

9cm

25.5(28, 30.5, 33)cm

编织这款短衫是一次学习怎样将两种色彩很协调地组合在一起的过程。它将简洁的条纹和带褶的蕾丝按顺序横向排列，最后还设计了看似未编织完的蕾丝缝边。

型号

编织说明针对小号毛衣，编织中号、大号和超大号毛衣请参见括号内说明（在小号说明后展示）。

成品尺寸

胸围：108（122，132，141）cm

衣长：31.5（33，34，35.5）cm

上臂周长：30.5（33，35.5，38）cm

密度

10cm×10cm：5号环形针编织下针22针29圈。

请认真检查密度。

提示

（1）衣身环形编织到袖隆处。

（2）前胸片和后肩片是往返编织。

（3）袖子是环形编织。

V字形婴儿套装针

（起针数为7的倍数加1针）

第1圈：1针下针，*2针下针，SK2P（见第157页），2针下针，挂线；从*处重复。

第2圈：1针下针，*挂线，6针下针；从*处重复。

重复第1、2圈，即形成V字形婴儿套装针。

仿刺绣针

（起针数为6的倍数加2针）

第1行（正面）：2针上针，*挂线，SKP（见第157页），下针2针并1针，挂线，2针上针；从*处重复。

第2行：2针下针，*4针上针，2针下针；从*处重复。

第3行：2针上针，*4针下针，2针上针；从*处重复。

第4行：重复第2行。

重复第1～4行，即形成仿刺绣针。

小叶片针

（起针数为6的倍数）

第1圈：*3针下针，挂线，下针3针并1针，挂线；从*处重复。

第2圈：全下针。

第3圈：*挂线，下针3针并1针，挂线，3针

下针，从*处重复。

第4圈：全下针。

重复第1～4圈，即形成小叶片针。

蜂窝针

（起针数为3的倍数）

第1圈：全下针。

第2圈：*下针2针并1针，挂线，1针下针；从*处重复。

第3圈：全下针。

第4圈：*挂线，1针下针，下针2针并1针；从*处重复。

重复第1～4圈，即形成蜂窝针。

衣身

用60cm长的环形针和A线起针239（267，288，309）针，合起，然后在一圈的开始放置记号圈。

下一圈：全下针。

用V字形婴儿套装针均匀地编织至长度为9cm。换用B线，继续编织下针，直到织片长16.5cm（从开始处量起）。

前胸片和后肩片分针

换用第2根60cm长的环形针。

下一行（正面）：以B线下针织前119（133，144，154）针，剩下120（134，144，155）针留在第1根针上，用来编织前胸片。

后肩片

换用A线，按照如下针法用两根环形针往返编织：

下一行（反面）：全上针，均匀地加3（加1，加2，减2）针，共122（134，146，152）针。

继续用仿刺绣针编织至长度为7.5cm，在反面行结束。换用B线。

下一行（正面）：全下针，均匀地减2（减0，减2，加2）针，共120（134，144，154）针。

从上针行开始，继续编织下针（正面织下针，反面织上针）直到袖隆处宽15（16.5，18，19）cm，在反面行结束，将所有的针目收针。

前胸片

换用第2根60cm长的环形针。

下一行（正面）：以B线下针织第1根针上的120（134，144，155）针。换用A线按照如下针法以两根环形针往返编织：

下一行（反面）：全上针，均匀地加2（加0，加2，减3）针，共122（134，146，152）针。继续用仿刺绣针编织至长度为7.5cm，在反面行结束。

换用 B 线。

下一行（正面）：全下针，均匀地减 2（减 0，减 2，加 2）针，共 120（134，144，154）针。从上针行开始，继续编织下针直到袖窿处宽 10（11.5，12.5，14）cm，在反面行结束。

领子

下一行（正面）：40（46，50，54）针下针，接入第 2 个 B 线团的线，中间的 40（42，44，46）针收针，下针织到最后。两边同时编织，下一行织上针。

减针行（正面）：用第 1 个线团上的毛线，下针编织到最后 5 针处，[下针 2 针并 1 针] 重复 2 次，1 针下针；用第 2 个线团上的毛线，1 针下针，[ssk（见第 157 页）] 重复 2 次，下针编织到最后。上针织下一行。重复上 2 行的针法 4 次。每边均为 30（36，40，44）针。均匀地编织直到前片与肩膀的长度和后片与肩膀的长度一致，在反面行结束，两边都收针。

右袖

用双头棒针和 B 线起针 66（72，78，84）针，将针目分到 4 根织针上，合起，注意不要使织针上的针目扭结，在一圈的开始放置记号圈。编织单罗纹针，至长度为 9cm。换用 A 线，编织小叶片针，至长度为 7.5cm。换用 B 线，编织下针，至织片总长到 24cm。收针。

左袖

用双头棒针和 B 线起针 66（72，78，84）针，将针目分到 4 根织针上，合起，注意不要使织针上的针目扭结，在一圈的开始放置记号圈。编织单罗纹针，至长度为 9cm。换用 A 线，编织蜂窝针，至长度为 7.5cm。换用 B 线，编织下针，至织片总长达到 24cm。收针。

收尾

缝合肩缝。

领子

正面相对，用 40cm 长的环形针和 B 线，从左肩接缝处挑针，领子的左前方均匀地下针编织 11 针，正前方 40（42，44，46）针，右前方 11 针，后方 60（62，64，66）针，共 122（126，130，134）针。合起，在一圈的开始放置记号圈。以单罗纹针编织 6 圈，以罗纹针松松地收针，将袖子与袖窿缝合。

奢华生活

蕾丝小斗篷

小亮片和小珠子装饰丝线和马海毛以蕾丝针法编织的小斗篷，呈现一种安静而闪耀的效果。

奢华生活

蕾丝小斗篷

所需材料和工具

毛线

炫彩毛线（精纺丝／亮片），每束100g，长约209m ④

- A线：1束天空灰色毛线
- C线：1束天然色毛线

交织珠子和亮片的蕾丝带（幼马海毛／尼龙／羊毛），每束85g，长约316m ①

- B线：1束羊皮纸色毛线

精纺丝，每束50g，长约110m ④

- D线：1束天然色毛线

织针

- 2根8号（5mm）环形针，分别长40cm和74cm，或能织出相同密度的织针

其他物品

- 记号圈

难度指数

●●●○

所选用的毛线经典而可爱，很有创意，丰富了现有的毛线市场。当使用这些装饰性极强的毛线进行设计时，我的原则是造型越简单，就会越凸显毛线的闪光点。

型号

编织说明针对小号／中号毛衣，编织大号／超大号毛衣请参见括号内说明（在小号／中号说明后展示）。

成品尺寸

花边上面周长：94（112）cm

衣长（包括花边）：35.5（39.5）cm

密度

10cm×10cm：8号环形针、双线（A、B线并在一起）编织叶子针13针24圈。

请认真检查密度。

提示

（1）小斗篷是从领边向下编织的。

（2）将两根线并在一起编织领边和身体处的织片。

（3）用单线编织花边。

叶子针

（起针数为6的倍数）

第1圈：*3针下针，挂线，下针3针并1针，挂线；从 * 处重复。

第2圈：全下针。

第3圈：* 挂线，下针3针并1针，挂线，3针下针；从 * 处重复。

第4圈：全下针。

重复第1 ~ 4圈，即形成叶子针。

领边

40cm长的环形针，A、B线并在一起，起针60（72）针，合起，在一圈的开始放置记号圈。

第1圈：全上针。

第2、4圈：全下针。

第3、5圈：全上针。

第6圈（加针圈）：*2针下针，挂线；从 * 处重复，共90（108）针。

第7圈：全上针。换用74cm长的环形针。

第8圈（加针圈）：*3针下针，挂线；从 * 处重复，共120（144）针。

第9圈：全上针。

第10圈：全下针。

衣身

第11 ~ 14圈：A、B线并在一起，编织叶子针的第1 ~ 4圈。

第15 ~ 18圈：B、C线并在一起，编织叶子针的第1 ~ 4圈。

重复第11 ~ 18圈5（6）次，然后重复第11 ~ 14圈1次。

下一圈：A、B线并在一起，织下针。

花边

换用D线。

第1圈（加针圈）：*［Kf&b（见第157页）］重复2次，4针下针；从 * 处重复，共160（192）针。

第2 ~ 4圈：全下针。

第5圈：换用C线，织上针。

第6圈（网眼）：换用D线，* 从线圈后面织下针2针并1针，挂线；从 * 处重复。

第7圈：换用A线，织上针。

换用D线，按照如下针法编织：

第8圈：全下针。

第9圈（加针圈）：*［Kf&b］重复4次，4针下针；从 * 处重复，共240（288）针。

第10圈：*1针下针，挂线两次；从 * 处重复。

第11圈：每1针都滑针，挂线脱针。

第12圈：* 下针织左棒针上的第2针，然后下针织第1针，再将这2针都从左棒针上滑落；从 * 处重复。换用C线。

第13 ~ 15圈：全下针。

换用D线，按照如下针法编织：

第16圈：*1针下针，挂线3次；从 * 处重复。

第17圈：每1针都滑针，挂线脱针。

第18圈：重复第12圈。

第19圈：全下针。下针方向松松地收针。

神秘罗纹

皱领套头衫

罗纹针不仅仅用于饰边，像这款满织罗纹的上装就呈现出特别的效果。

神秘罗纹

皱领套头衫

所需材料和工具

毛线

柔性毛线（羊毛／丝），每束250g，长约449m **4**

● 2（2，2，3）束花岗岩色毛线（06）

织针

● 1根7号（4.5mm）、74cm长的环形针，或能织出相同密度的织针

● 2根7号（4.5mm）、40cm长的环形针

其他物品

● 记号圈

● 毛线缝针

● 3mm宽黑色皮质带子，长1.8m

难度指数

●●●●

罗纹针使这款套头衫略显狂野，花样遍布整个衣身、领子以及蓬蓬袖。毛线颜色的变化与罗纹针相互呼应使整体的质感和视觉效果更加凸显。

型号

编织说明针对小号毛衣，编织中号、大号和超大号毛衣请参见括号内说明（在小号说明后展示）。

成品尺寸

胸围（腋下处）：96.5（103.5，110.5，115.5）cm

衣长：29（31，33，34.5）cm

密度

10cm×10cm：7号环形针编织双罗纹针20针24行（圈）。

请认真检查密度。

提示

此款套头衫是从上向下织成1片。

双罗纹针

（起针数为4的倍数，往返编织）

见第96页。

双罗纹针

（起针数为4的倍数加2针，往返编织）

见第32页。

双罗纹针

（起针数为4的倍数，环形编织）

第1圈：*2针下针，2针上针；从*处重复。

重复第1圈，即形成双罗纹针。

领口

40cm长的环形针起针52（54，56，58）针，往返编织。

第1行：全下针。

第2行：全上针。

第3行（正面）：2针下针（左前片），放置记号圈，8针双罗纹针（袖子），放置记号圈，32（34，36，38）针双罗纹针（后片），放置记号圈，8针双罗纹针（袖子），放置记号圈，2针下针（右前片）。

第4行（反面）：下针时织下针，上针时织上针。跳过记号圈。

提示：每个部分的加针（挂线和起针）都以双罗纹针编织，前片也是如此。跳过记号圈。如果需要可换用长一点的环形针。

第5行（加针行）（正面）：*双罗纹针编织至下个记号圈前1针，挂线，2针下针，挂线；

从*处重复3次，编织到最后，共60（62，64，66）针。

第6行（反面）：起针1针，编织双罗纹针，起针1针，共62（64，66，68）针。

重复第5、6行17（18，19，20）次，在反面行结束，共232（244，256，268）针。

在一圈的开始起针2（0，2，0）针。中号和超大号在一圈的开始放置记号圈，小号和大号在2针加针的中间放置记号圈。

第7圈（加针圈）：*双罗纹针编织至下个记号圈前1针，挂线，2针下针，挂线；从*处重复3次，编织到最后，共242（252，266，276）针。

第8圈：继续编织双罗纹针。

重复第7、8圈10（12，13，14）次，共322（348，370，388）针。

育克分针

下一圈：左前片收针50（53，57，59）针，移66（72，76，80）针到40cm长的环形针上（袖子），放置一边。后片收针90（98，104，110）针，移66（72，76，80）针到40cm长的环形针上（袖子），放置一边，右前片收针50（53，57，59）针。

袖子

编织40cm长的环形针上的66（72，76，80）针，在腋下处起针2针，在这2针之间放置记号圈。针目合起，环形编织，共68（74，78，82）针。

第1～3圈：全上针。

第4～6圈：全下针。

重复第1～6圈11（12，13，14）次。上针1圈，均匀地减0（2，2，2）针，共68（72，76，80）针。编织双罗纹针，至长度为10（11.5，11.5，12.5）cm。以罗纹针收针。

同样方法编织另一只袖子。

领子

用74cm长的环形针，沿领子边缘挑针120（128，136，144）针，合起，在一圈的开始放置记号圈。

第1～3圈：全下针。

第4～6圈：全上针。

重复第1～6圈12次。

下一圈（饰边）：*挂线，下针2针并1针；从*处重复。

下一圈：全下针。收针。

收尾

在腋下处将袖子和衣身缝在一起。将皮质带子穿入饰边的边缘处，使皮质带子正处于领子前面的中间位置。

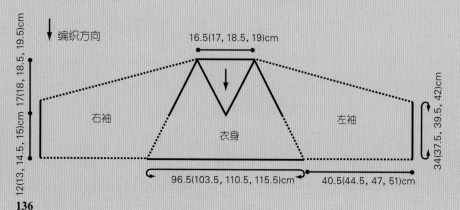

编织方向

16.5(17, 18.5, 19)cm

17(18, 18.5, 19.5)cm

12(13, 14.5, 15)cm

右袖

衣身

左袖

34(37.5, 39.5, 42)cm

96.5(103.5, 110.5, 115.5)cm

40.5(44.5, 47, 51)cm

轻快时光

水平罗纹开衫

这款轻快的毛衫无论是穿起来还是编织起来都充满快乐与轻松。

轻快时光

水平罗纹开衫

所需材料和工具

毛线

毛线（丙腈纶／棉），每束100g，长约189m **4**
- 主色线：3（3，4，5）束香草色线（6902）
- A线：1束纯黑色线（5934）
- B线：1束星夜蓝色线（5944）

织针
- 1根7号（4.5mm）、60cm长的环形针，或能织出相同密度的织针
- 2根7号（4.5mm）、40cm长的环形针

其他物品
- 记号圈
- 毛线缝针

难度指数
●●●●

这款优雅的开衫可以舒适地套在长衣外面，形成层次感，穿在身上很有时尚都会女性的范儿。编织起来速度很快，清晨开始，晚上就可穿上身了。

型号

编织说明针对小号毛衣，编织中号、大号和超大号毛衣请参见括号内说明（在小号说明后展示）。

成品尺寸

后片宽度（腋下处）：45.5（51，56，61.5）cm

后片长度：29（30.5，34.5，35.5）cm

密度

10cm×10cm：7号环形针编织水平罗纹针20针26行（圈）。

请认真检查密度。

提示

（1）毛衣是自上向下织成1片。

（2）结构图在第156页。

水平罗纹针

（往返编织）

第1行（正面）：全上针（凸起行）。

第2行：全上针。

第3行：全下针。

第4行：全上针。

重复第1～4行，即形成水平罗纹针。

水平罗纹针

（环形编织）

第1～3圈：全下针。

第4圈：全上针（凸起圈）。

重复第1～4圈，即形成水平罗纹针。

领子

用A线和40cm长的环形针起针120（124，130，134）针，往返编织，如需要可换用长些的环形针。

编织下针（正面织下针，反面织上针）4行。换用主色线再织2行。

育克

编织6行水平罗纹针。

下一行（花样的第3行）：25针下针，放置记号圈，1针下针，*挂线，2针下针；从*处重复33（35，38，40）次，挂线，1针下针，放置记号圈，25针下针，共155（161，170，176）针。

按照花样再编织7行。

下一行（花样的第3行）：25针下针，跳过记号圈，1针下针，*挂线，3针下针；从*处重复33（35，38，40）次，挂线，2针下针，跳过记号圈，25针下针，共190（198，210，218）针。

按照花样再编织7行。

下一行（花样的第3行）：25针下针，跳过记号圈，2针下针，*挂线，4针下针；从*处重复33（35，38，40）次，挂线，2针下针，跳过记号圈，25针下针，共225（235，250，260）针。

按照花样再编织7行。

下一行（花样的第3行）：25针下针，跳过记号圈，3针下针，*挂线，5针下针；从*处重复33（35，38，40）次，挂线，2针下针，跳过记号圈，25针下针，共260（272，290，302）针。

按照花样再编织7行。

下一行（花样的第3行）：25针下针，跳过记号圈，3针下针，*挂线，6针下针；从*处重复33（35，38，40）次，挂线，3针下针，跳过记号圈，25针下针，共295（309，330，344）针。

按照花样再编织7行。

下一行（花样的第3行）：25针下针，跳过记号圈，4针下针，*挂线，7针下针；从*处重复33（35，38，40）次，挂线，3针下针，跳过记号圈，25针下针，共330（346，370，386）针。

仅针对小号

继续编织水平罗纹针，至织片从领口到下面长20cm，以第2行的针法结束。继续育克分针。

针对中号、大号和超大号

按照花样再编织7行。

下一行（花样的第3行）：25针下针，跳过记号圈，*挂线，（21，16，10）针下针；从*处重复，（2，0，6）针下针到正面记号圈，跳过记号圈，25针下针，共（360，390，419）针。

继续编织水平罗纹针，直到织片从领口到下面长（21.5，23，24）cm，以第2行的针法结束，继续育克分针。

育克分针（适用于所有尺寸）

65（70，75，79）针下针（左前片），腋下处起针2针，移55（60，65，70）针到40cm长的环形针上（袖子），放置一边，90（100，110，121）针下针（后片），腋下处起针2针，移55（60，65，70）针到40cm长的环形针上（袖子），放置一边，65（70，75，79）针下针（右前片）。衣身共224（244，264，283）针。

衣身

继续编织水平罗纹针，直到整个衣身织片从腋下处量起达到9（9，11.5，11.5）cm，以第1行的针法结束。换用B线编织4行下针。收针。

袖子

用主色线编织环形针上的55（60，65，70）针，在腋下处放置记号圈，针目合起来开始环形编织水平罗纹针。*主色线编织2圈，A线编织2圈，主色线编织2圈，B线编织2圈；从*处重复5（5，6，6）次。换用主色线编织4圈下针。收针。同样方法编织另一只袖子。

收尾

用毛线缝针在腋下处将袖子和衣身织片缝合在一起，藏好线头。

前边缝边

将前面的25针向内对折，在每一行的凸起挑起1针，往里以毛线缝针缝好。

胸前饰绳

用毛线6根（每种颜色各2根）制成90cm长的线，末端整理齐并打结，留1cm长的线头。将这6根线穿进毛线缝针，沿毛衫的上领边向下数四五个凸起，从正面距离边缘2.5cm处穿入毛线缝针，再从背面距离边缘1cm处入针，在离毛衫最近的地方打1个结。去掉毛线缝针，在剩余的毛线上每隔2.5cm打1个结。另一边以同样方法制作饰绳。

与披肩共舞

披肩领斗篷

这款变化多样的披肩无论怎么穿都会让你成为舞会的焦点。

与披肩共舞

披肩领斗篷

所需材料和工具

毛线

粗线（腈纶／羊毛／尼龙），每团100g，长约120m **⑥**

- A线：4团海蓝色线（6185）
- B线：1团砖红色线（6194）
- C线：2团黄色线（6121）
- D线：1团樱红色线（6134）
- E线：2团燕麦色线（6105）

织针

- 2根8号（5mm）环形针，长度分别为40cm和61cm，或能织出相同密度的织针
- 1根10.5号（6.5mm）、74cm长的环形针，或能织出相同密度的织针
- 1根8号（5mm）双头棒针

其他物品

- 记号圈

难度指数
●●●●

这种简洁的斗篷带有十分别致的领子，既可以拢在脖子处，也可以外翻当作护肩。而粗花呢质感的衣身则是用几种颜色的毛线以桂花针织出的。

型号

编织说明针对均码毛衣。

成品尺寸

下摆周长：111.5cm。

衣长（包括领子）：39.5cm。

密度

10cm×10cm（轻微拉伸）：8号环形针和单线编织三罗纹针18针23行。

10cm×10cm：10.5号环形针和双线编织桂花针11针21圈。

请认真检查密度。

提示

（1）用单线编织外面的罗纹小翻领，而里面的毛衫用双线编织桂花针。

（2）外面的小翻领是以罗纹针从底边到领子整片织成，再从领子向下以桂花针织里面的毛衫。

三罗纹针

（起针数为6的倍数加3针）

第1行（正面）：3针下针，*3针上针，3针下针；从*处重复。

第2行：3针上针，*3针下针，3针上针；从*处重复。

重复第1、2行，即形成三罗纹针。

桂花针

（起针数为2的倍数）

见第48页。

罗纹小翻领

从底边开始编织，用8号、61cm长的环形针和A线起针303针。往返编织三罗纹针，至长度为20.5cm，在反面行结束。

减针行（正面）：1针下针，*从线圈后面织下针2针并1针；从*处重复，共152针。

下一行：全上针。

外层连接

从不带线的一侧移32针到双头棒针上。面对正面，将双头棒针上的针目与环形针反面针目连在一起（形成1个圈），棒针的右端和环形针的左端是平行的。

下一圈（连接）：将环形针以下针方向穿入每根针上的第1针，像织下针一样绕线，将这2针织在一起，然后从针上脱针。*以同样方法将下2针织在一起；从*处重复编织30次，然后下针织到最后，共120针。在一圈的开始放置记号圈。

领子

编织单罗纹针，至长度为9cm。

下一圈：全下针。

里面毛衫

换用10.5号环形针和桂花针，按照下面方法编织条状花样：

第1圈：将B、E线并在一起编织。

第2圈：将C、E线并在一起编织。

第3圈：将D、E线并在一起编织。

重复第1～3圈，至长度为26.5cm。

按照下面方法编织条状花样：

第1圈：将B、C线并在一起编织。

第2圈：将C、D线并在一起编织。

重复第1、2圈，至长度为7.5cm。

下针方向松松地收针。

收尾

将罗纹小翻领套在毛衫外面，将领子对折。用A线以平针缝将领子的第一行和最后一行缝在一起。

咖啡时光

双色镂空短衫

双色系暗色外套配上夸张的针法花样，随意搭配也充满时尚感，秀色满溢。

咖啡时光

双色镂空短衫

我选择蕾丝状的下滑针花样来凸显具有罗纹状外形的毛线。这类带状毛线非常有趣，且编织速度很快。简洁的造型使这一经典的百搭款人见人爱。

所需材料和工具

毛线

竹纤维／尼龙，每束50g，长约71m（4）

- A线：5（5，6，6）束茶色线（4112）
- B线：3（3，3，4）束竹纤维线（4103）

织针

- 2根7号（4.5mm）、74cm长的环形针，或能织出相同密度的织针

其他物品

- 记号圈
- 麻花针

难度指数

●●●○

型号

编织说明针对小号毛衣，编织中号、大号和超大号毛衣请参见括号内说明（在小号说明后展示）。

成品尺寸

胸围：91（102，112，121）cm

衣长：25.5（25.5，30.5，30.5）cm

袖口周长：51（51，61，61）cm

密度

10cm×10cm：7号环形针编织十字下滑针17针28行。

请认真检查密度。

提示

前后片分别从领子向下编织。

十字下滑针

（起针数为6的倍数）

为了制作密度样本，起针18针。

第1~4行：全下针。

第5行（反面）：＊在针上绕3次线然后织1针下针；从＊处重复。将针目移到另一根环形针上，绕线脱针，按照如下针法继续编织：

第6行（正面）：＊移3针到麻花针上，将麻花针放在前面，3针下针，下针织麻花针上的3针；从＊处重复。

第7~10行：全下针。

第11行（反面）：＊在针上绕3次线然后织1针下针；从＊处重复。将针目移到另一根环形针上，绕线脱针，按照如下针法继续编织：

第12行（正面）：＊移3针到麻花针上，将麻花针放在后面，3针下针，下针织麻花针上的3针；从＊处重复。

重复第1~12行1次，再重复第1~4行1次。下针方向收针。织片应为正方形，边长为10cm。

后片

从领口开始，用A线起针120（132，144，156）针。按照下面方法编织十字下滑针。

第1~4行：全下针。

第5行（反面）：3针下针（起伏针边），放置记号圈，＊在针上绕3次线然后织1针下针；从＊处重复编织至最后3针处，放置记号圈，3针下针（起伏针边）。将针目（包括记号圈）移到另一根环形针上，绕线脱针，按照下面方法继续编织：

第6行（正面）：3针下针，跳过记号圈，＊移3针到麻花针上，将麻花针放在前面，3针下针，下针织麻花针上的3针；从＊处重复织到记号圈处，跳过记号圈，3针下针。

第7~10行：全下针。

第11行（反面）：3针下针，跳过记号圈，＊在针上绕3次线然后织1针下针；从＊处重复织到记号圈处，跳过记号圈，3针下针。将针目（包括记号圈）移到另一根环形针上，绕线脱针，按照下面方法继续编织：

第12行（正面）：3针下针，跳过记号圈，＊移3针到麻花针上，将麻花针放在后面，3针下针，下针织麻花针上的3针；从＊处重复织到记号圈处，跳过记号圈，3针下针。

第13~16行：全下针。

编织每一行时都跳过记号圈。重复第5~16行4（4，5，5）次。下针方向松松地收针。

前片

像后片一样编织第1~15行，以反面行结束。

换用B线，编织第16行。重复第5~16行4（4，5，5）次。下针方向松松地收针。

收尾

每边都缝1条22.5（25.5，28，30.5）cm的肩缝，每边都缝1条12.5（14，15，16.5）cm的袖子接缝。

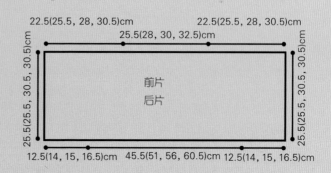

22.5(25.5, 28, 30.5)cm   22.5(25.5, 28, 30.5)cm

25.5(28, 30, 32.5)cm

25.5(25.5, 30.5, 30.5)cm

25.5(25.5, 30.5, 30.5)cm

前片
后片

12.5(14, 15, 16.5)cm   45.5(51, 56, 60.5)cm   12.5(14, 15, 16.5)cm

蓝色旋律

带围脖披肩

不同色调的蓝色马海毛织出质感精致、色彩雅致的外套。

蓝色旋律

带围脖披肩

所需材料和工具

毛线

装饰有玻璃珠的毛线（幼马海毛／金属丝线），
每团 50g，长约 55m **5**

● A 线：1（2，2，2）团深牛仔蓝色线（19ab）
拉绒幼马海毛线，每团 50g，长约 110m **5**
以下各色毛线各 2（3，3，3）团
● B 线：海绿色（17）；C 线：深绿色线（28）
D 线：苔藓色（17a）；E 线：海蓝色（20）
F 线：青礁石色（28c）

织针

● 2 根 10 号（6mm）、74cm 长的环形针，或
能织出相同密度的织针
● 1 套（5 根）10 号（6mm）双头棒针

其他物品

● 防脱别针
● 记号圈
● 一颗直径 25mm 扣子

难度指数

●●●○○

马海毛是我编织中必备的毛线，我非常喜欢它
天然而蓬松的质感，以及丰富的色彩。这款披
肩我专门加长了前面的织片使其变成一条围巾，
可以绕在脖子上，也可塞进前面的衣服里，形
成夸张的造型，非常适合穿着。

型号

编织说明针对小号毛衣，编织中号、大号和超
大号毛衣请参见括号内说明（在小号说明后展
示）。

成品尺寸

胸围（闭合）：91（98，108，114）cm
衣长：25.5（27.5，29，30.5）cm
袖口周长：38（41，44.5，47.5）cm

密度

12.5cm×10cm：10 号环形针编织起伏针，长
边 16 针，窄边 22 行。
请认真检查密度。

提示

披肩是从领子往下织成 1 片。

领边

用环形针和后圈起针法起针 202（209，219，
226）针，交替使用 C、E 两种毛线。使用两根
环形针按照如下针法往返编织：
下两行：用 E 线织下针。
下两行：用 A 线织下针。
下一行（扣眼）（正面）：用 C 线，3 针下针，
下 2 针收针，下针织到最后。
下一行：用 C 线，全下针，在收针针目上方起
针 2 针。

育克

下一行（正面）：用 D 线，20（22，24，26）
针下针（左前片），放置记号圈，6 针下针（左袖），
放置记号圈，16（16，18，18）针下针（后片），
放置记号圈，6 针下针（右袖），放置记号圈，
154（159，165，170）针下针（右前片和围巾）。
下一行：用 D 线，全下针。
按照如下针法继续编织起伏针（每一行都织下
针）和条纹花样（E、F、B、C 和 D 线各织 2 行）：
加针行（正面）：＊下针编织到记号圈前 1 针，
挂线，1 针下针，跳过记号圈，1 针下针，挂线；
从＊处重复 3 次，下针织到最后。

下一行：全下针。
重复上两行 19（21，23，25）次，在反面行结
束。共 362（385，411，434）针。

衣袖分针

下一行（正面）：用另一种颜色的毛线，40（44，
48，52）针下针（左前片），起针 2 针（腋下处），
移 46（50，54，58）针到防脱别针上（左袖），
56（60，66，70）针下针（后片），起针 2 针（腋
下处），移 46（50，54，58）针到防脱别针
上（右袖），174（181，189，196）针下针（右
前片和围巾）。环形针上共 274（289，307，
322）针。
下一行：用同色毛线编织下针（记住用该色毛
线编织袖子）。
下两行：用 A 线织下针。
下两行：用另一种颜色的毛线织下针。
下针方向收针。

袖子

面对正面，用双头棒针和衣袖分针处的同色毛
线，下针编织防脱别针上的 46（50，54，58）针，
起针 1 针，在一圈的开始放置记号圈，起针 1 针，
共 48（52，56，60）针。将这些针目平均分到
4 根织针上，合起开始环形编织，上一圈做好标
记。
下一圈：同色线织上针。
继续编织起伏针（1 圈下针、1 圈上针）和条
纹花样，直到从标记处量起织片长 43（44.5，
45.5，47）cm，在上针圈结束。
下一圈：用 A 线织下针。
下一圈：用 A 线织上针。
下一圈：用另一种颜色的毛线织下针。
下一圈：用和上一圈颜色一样的毛线织上针。
下针方向收针。

收尾

将腋下处的起针针目缝在一起。
将扣子缝在右前片上方的反面，与扣眼照应。

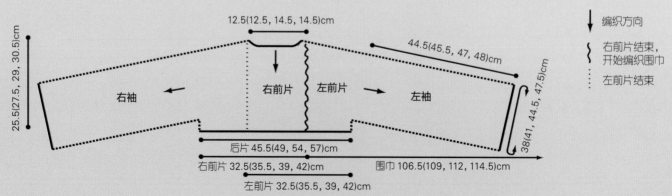

结构图和图表

蓝色魅力

（见第14～17页）

编织方向

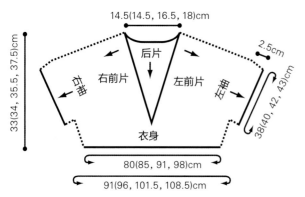

14.5(14.5, 16.5, 18)cm

后片

2.5cm

右前片 左前片

右袖 左袖

33(34, 35.5, 37.5)cm

38(40, 42, 43)cm

衣身

80(85, 91, 98)cm

91(96, 101.5, 108.5)cm

午茶时光

（见第46～49页）

编织方向

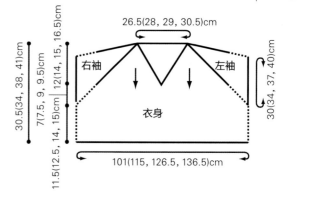

26.5(28, 29, 30.5)cm

右袖 左袖

30.5(34, 38, 41)cm

7(7.5, 9, 9.5)cm 12(14, 15, 16.5)cm

衣身

30(34, 37, 40)cm

11.5(12.5, 14, 15)cm

101(115, 126.5, 136.5)cm

心醉神迷

（见第18～21页）

编织方向

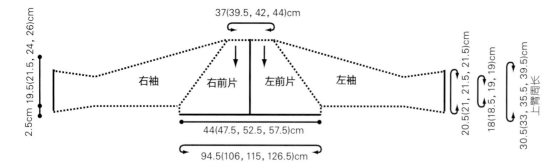

37(39.5, 42, 44)cm

右袖 右前片 左前片 左袖

2.5cm 19.5(21.5, 24, 26)cm

44(47.5, 52.5, 57.5)cm

94.5(106, 115, 126.5)cm

20.5(21, 21.5, 21.5)cm

18(18.5, 19, 19)cm

30.5(33, 35.5, 39.5)cm 上臂周长

涟漪潜藏

（见第 62 ~ 65 页）

↓ 编织方向

··· 领子和袖子缝边的
反面针目

43(45.5, 48, 51)cm

领子

3cm

33(35.5, 38, 40.5)cm

34(34.5, 37, 38)cm

衣身

91.5(101.5, 111.5, 122)cm

方格派对

（见第 70 ~ 73 页）

颜色符号
■ 石英色（A）
■ 浅灰色（B）

拼接图
（针对大号 / 超大号）

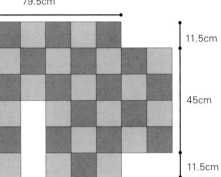

79.5cm

11.5cm

34cm

45cm

34cm

11.5cm

23cm　　34cm　　11.5cm　　34cm　　23cm

银色风情

（见第 102 ~ 105 页）

↓ 编织方向

18(19, 21, 23)cm

育克

衣身

33(35.5, 38, 40.5)cm

上臂

前臂

袖箍

90(101.5, 112.5, 122)cm

25.5cm

26.5(26.5, 28, 28)cm

12.5cm

上臂

前臂

袖箍

15(16.5, 18, 18.5)cm 袖口周长（未拉伸）

21.5(22, 24, 25.5)cm 前臂周长

32.5(35.5, 39.5, 42.5)cm 上臂周长

结构图和图表

美丽悦目

（见第 110 ~ 113 页）

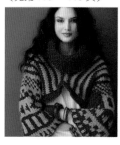

图表 1

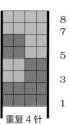

8
7
5
3
1
重复 4 针

图表 5

10
9
7
5
3
1
重复 4 针

图表 2

9
7
5
3
1
重复 4 针

图表 6

9
7
5
3
1
重复 4 针

图表 3

10
9
7
5
3
1
重复 4 针

图表 4

4
3
1
重复 4 针

颜色符号

中国红（A）

夏威夷蓝（B）

轻快时光

（见第 138 ~ 141 页）

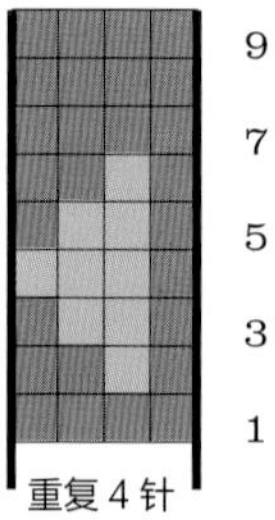

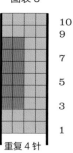

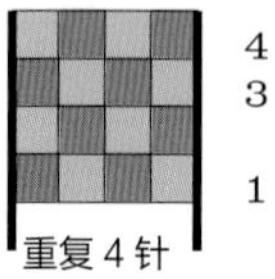

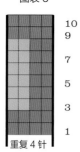

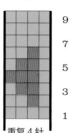

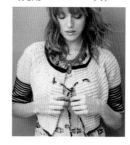

编织方向
35.5(37.5, 40.5, 42.5)cm
20(21.5, 23, 24)cm
9(9, 11.5, 11.5)cm
右袖
左袖
右前片
左前片
28(30.5, 33, 35.5)cm
后片 45.5(51, 56, 61.5)cm
16.5(16.5, 19, 19)cm
88.5(98.5, 103.5, 118.5)cm

波西米亚风

（见第 98 ~ 101 页）

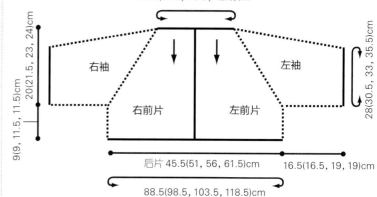

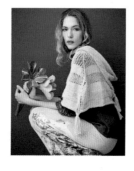

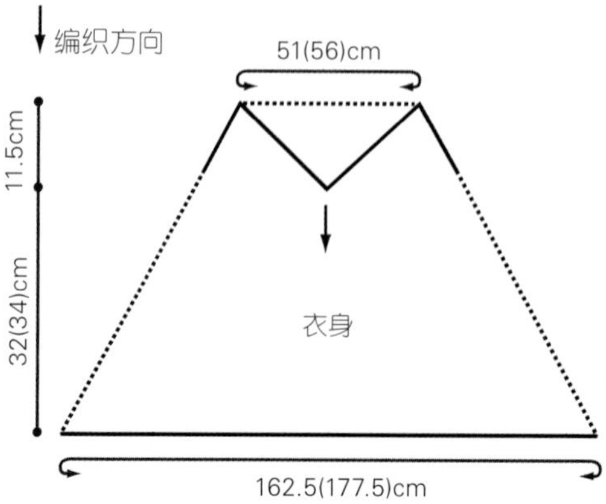

编织方向
51(56)cm
11.5cm
32(34)cm
衣身
162.5(177.5)cm

编织术语缩略词

approx 大约
beg 开始
CC 对比色
ch 锁针
cm 厘米
cn 麻花针
cont 继续
dec 减针
dpn（s）双头棒针
foll 下面（后文）
g 克
inc 加针
k 下针
kf&b 从线圈前后分别织下针（加1针）
k2tog 下针2针并1针
LH 左手针
lps 线圈
m 米
MB 织小球形
MC 主色
mm 毫米
M1 加1针：用针尖把前1针和下1针之间的连线挑起来挂在左手针上，再下针或者上针织线圈的后面
oz 盎司
p 上针
pat（s）编织花样
pm 放置记号圈
psso 滑针越过
p2tog 上针2针并1针
rem 剩余的
rep 重复
RH 右手针
rnd（s）圈
RS 正面
S2KP 1次滑过2针，1针下针，2针滑针越过下针
SKP 滑过1针，1针下针，滑针越过下针
SK2P 滑过1针，下针2针并1针，滑针越过并针
sl 滑动
sl st 滑针
ssk 下针方向依次滑过2针，将2针滑针以下针方式并在一起
ssp 上针方向依次滑过2针，将2针滑针以上针方式并在一起
sssk 下针方向依次滑过3针，将3针滑针以下针方式并在一起
st（s）线圈
St st 下针编织
tbl 从线圈后面
tog 一起
WS 反面
wyib 线挂在织物后面
wyif 线挂在织物前面
yd 码
yo 挂线
* 从这里开始重复
[]将[]里的操作全部重复

编织技巧

挂线（Yarn over）

在2针下针之间：从两棒针之间把毛线从织片后面拉到前面。下针织下1个线圈，如图所示，把线越过右棒针绕到右棒针尖上面。

在2针上针之间：如图所示，毛线要从右棒针上面绕1圈，再次回到前面来。然后上针织下1针。

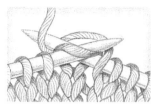

嫁接缝（Kitchener Stitch）

1. 缝针以上针方向（见图示）穿过前面棒针上的第1个线圈。把缝线全部拉出来，线圈仍然保留在棒针上。

2. 缝针以下针方向（见图示）穿过后面棒针上的第1个线圈。把缝线全部拉出来，线圈仍然保留在棒针上。

3. 缝针以下针方向穿过前面棒针的第1个线圈，把线圈从棒针上移下。然后缝针以上针方向穿过前面棒针上的下1个线圈。把缝线全部拉出来，线圈仍然保留在棒针上。

4. 缝针以上针方向穿过后面棒针上的第1个线圈，把线圈从棒针上移下。然后缝针以下针方向穿过后面棒针上的下1个线圈。把缝线全部拉出来，线圈仍然保留在棒针上。

重复步骤3和步骤4，直到前面棒针和后面棒针上的所有线圈全部缝合完毕。收针并藏起所有线头。

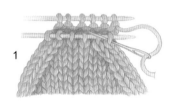
1

2

3

4

一字绳索（I-cord）

起3～5针。* 下针织第1行。不用翻面，把后面线圈移到棒针的另外一端。从一行的结尾把毛线紧紧拉来。从 * 处开始重复编织，直到需要的长度。收针。

3 针收针法（3-Needle Bind-off）

1. 两片织物正面相对，两根棒针并列放在一起，第 3 根棒针以下针方向同时插入两根棒针的第 1 个线圈。绕线，像正常织下针一样。

2. 下针织这 2 个线圈，然后把这 2 个线圈从棒针上脱下。* 如图所示，同样的方法织两根针上的下 1 个线圈。

3. 第 3 根棒针上的第 1 个线圈越过第 2 个线圈，并从棒针上脱下。

从步骤 2 的 * 处开始重复，直到所有线圈都收针完成。

制作流苏（Tassels）

毛线的长度应为两倍于流苏的长度再加上打结的长度。织物的反面朝上，钩针从正面向反面插入，把对折的毛线钩出来并形成线圈。然后再钩住线尾部分，从线圈中钩出来，拉紧。修剪毛线。

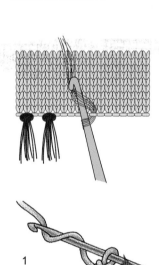

用钩针钩锁针

1. 靠近钩针的末端打 1 个活结，织线（连着线团的毛线）在钩针上绕 1 圈，如图所示。用钩针尖钩住织线，往你身体的方向把织线从钩针上的线圈中拉出。

2. 这样就完成了 1 针锁针。

重复这个过程就可以按照需要钩出很多锁针。如果需要，还可以在 2 针锁针之间加上珠子。

锁链起针法（Cable Cast-on）

1. 在左棒针上打 1 个活结。右棒针以下针方向插入左棒针上的线圈里。在右棒针上绕线，正常织下针。

2. 把线从左棒针线圈中拉出形成 1 个新的线圈，但是不要把左棒针上的线圈脱下。

3. 如图所示，把新线圈挂在左棒针上。

4. 右棒针插入左棒针上的 2 个线圈之间。

5. 在右棒针上绕线，像织下针那样，然后把线拉出形成 1 个新的线圈。

6. 如图所示，把新的线圈挂在左棒针上。

重复步骤 4 ~ 6，按照需要的数量起针。

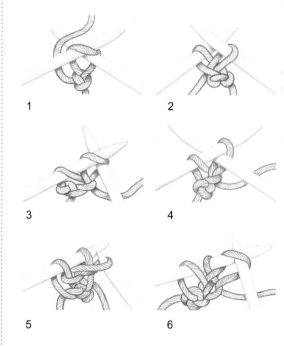

定价：49.00 元

定价：49.00 元

定价：49.00 元

河南科学技术出版社
精品图书推荐

定价：49.00 元

定价：49.00 元

定价：49.00 元

定价：49.00 元

定价：49.00 元

定价：49.00 元

定价：49.00 元

定价：49.00 元

定价：49.00 元

定价：68.00 元

定价：36.00 元

定价：36.00 元

定价：36.00 元

定价: 34.80 元

定价: 32.80 元

定价: 32.80 元

定价: 32.80 元

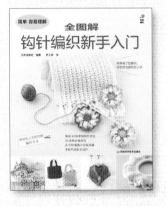

定价: 36.00 元

定价: 36.00 元

定价: 38.00 元

定价: 58.00 元

定价: 39.80 元

定价: 39.80 元

定价: 39.80 元

定价: 39.80 元

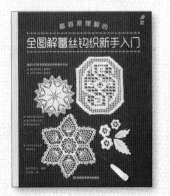

定价: 39.80 元

定价: 39.80 元

定价: 39.80 元

更多精彩图书请登录：
http://www.hnstp.cn